# 高代謝
# 地中海料理

# 在料理中展現的
# 溫暖與靈魂

These days we often find that the convenience of eating out and the pressures of work and other commitments can make it especially difficult to find the time to cook something delicious and nourishing at home. This book of Mediterranean-inspired recipes by my friend Chef Marco is a heartfelt collection of dishes that show us that taking the time to make something from scratch can be simple and so satisfying.

Mediterranean-style cuisine is noted especially for its use of healthy fats like olive oil, which I love to use in my own cooking, and for enhancing the natural flavors of what is in season. This collection of recipes highlights a rainbow of ingredients and flavors and techniques with preparations ranging from savory to sweet. Each recipe is thoughtfully presented and beautifully complete— perfect for creating something tantalizing and elegant in the comfort of your own home.

Above all, Chef Marco's warmth and spirit shine through in these dishes. In his own pursuit of a healthy and happy approach to life, Chef Marco has created something for us all to share and enjoy as a community brought together by food. I hope you will take full advantage of all the joy these recipes have to offer and cook them for yourselves, your friends, and your family! Wishing you all a delicious journey in your kitchens and homes...

Happy cooking!

隨著外食愈來愈方便,再加上工作及生活上的種種壓力,經常讓人覺得要找出時間在家下廚做出好吃又營養的餐點,還真困難。而這本由我的好朋友馬可主廚所寫的食譜書,不僅以地中海飲食為出發點,而且裡面的每道菜都經過精心設計,只要花點時間就可以做出來,實在是很簡單,又讓人超滿足!

在地中海式的烹飪法中,最為人所熟知的就是「健康油脂」的運用,例如橄欖油,我自己做菜也很愛用。至於強調季節性食材的自然風味,則是另一大特色。而這本書的最大亮點,就在於除了使用食材包羅萬象、風味十足,而且涵蓋鹹食及甜點的各種準備技巧。不但每個食譜都經過仔細思考,同時也被漂亮地呈現出來──可説是在家做出誘人又優雅的療癒食物的完美參考!

尤其重要的是,這些料理充分展現出馬可主廚的溫暖與靈魂。在他自己尋求健康與快樂生活的過程中,同時也創造出一個機會,讓我們所有人可以藉由食物相聚,並且共同分享。我衷心希望大家可以充分利用這本食譜帶來的樂趣,不僅要親自動手做,也要分享給朋友、家人,請他們一起做!更希望大家都能在廚房裡、在自己家中,擁有一趟美味的旅程⋯⋯

下廚愉快!

## 王凱傑
亞洲廚神 **Chef Jason Wang**

## 視覺味覺都享受的
## 馬可式美味

很開心看到馬可老師新書上市了！

經過了前一波的疫情，身邊很多朋友都變成麵包大師或料理大廚（笑）。但是從會煮要升級到懂煮，甚至想要學習食材的搭配運用，這種時候您就需要馬可老師。

跟馬可老師的緣分起始於一次的合作，他充滿幽默風趣又綜藝的口條讓現場所有人笑到樂不可支，但談到專業的部分又可以講得頭頭是道非常有說服力，我也真正見識到馬可老師的魅力是如此銳不可擋。

跟著馬可老師的書學料理，不只視覺味覺都很享受之外，還能學習到各種食材的知識以及料理的撇步，而且可以吃得健康又不發胖，就讓「馬可式美味料理」全面進攻你家餐桌吧！

萬記貿易公司白美娜行銷總監　

## 烹煮簡單又助瘦的
## 華麗料理

初次認識馬可老師是在螢光幕前，他的出現，讓我對品油師這項專業職人有更深入的了解，很榮幸在一次合作案中請老師來暢談品油與地中海料理的實做分享。

不意外的，他徹底顛覆了以往對油的刻板印象，原來喝油對身體有多種好處外，冷壓初榨橄欖油更具有促進代謝循環、改善消化道系統功能、減重、預防心血管疾病、抗衰老並防癌等保健作用。除此之外，對於不善料理的我，地中海飲食法更是著實讓我驚豔不已，不拘泥於食材是否高級，只要掌握營養均衡原則，即可達到自然享瘦的效果。看似華麗的料理，其實烹煮簡單，美麗的擺盤也讓人賞心悅目。值得一試，成就感十足！

《高代謝地中海料理》一書，是不論長期外食營養不均、想調整體質提高代謝、減重，或是養生的人都很適合的料理食譜，誠心推薦給大家。

日系品牌愛德恩 EDWIN 董事長特助

# 享受美味，同時兼顧健康的
# 地中海精髓

無庸置疑，在台灣最用心且最紮實地實踐「地中海飲食」於日常生活中的人，莫過於馬可老師了。

2018 年與馬可老師因為寫書結緣，同時也展開一連串的合作與活動。透過近距離的觀察我發現，舞台上馬可老師善用他料理的專業與創意，並巧妙運用橄欖油的多樣風味，將一道道地中海料理呈現得淋漓盡致，讓我們在享受美味之際，也同時兼顧了健康的元素。而私底下的他更是身體力行地中海飲食超過 5 年，整個人散發出地中海精髓與生活品味：越來越帥、越來越健康、越來越有魅力。

超級推薦這本《高代謝地中海料理》，有更多的創意料理、更豐富的油品知識、更地中海的生活態度，值得在乎自己與家人生活品味的你好好收藏、用心實踐。

資深營養師　張益堯

# 沒有負擔的
# 地中海料理經典美味

說到地中海料理，就一定想到馬可老師。馬可老師可以說是地中海料理的代言人，廚藝了得之外，同時也是電視通告的常客、暢銷書作者，而這一本《高代謝地中海料理》可以說是集結了地中海料理的精華。如果想吃得美味而且不想有太多負擔，那就肯定要收藏。

本書從經典的地中海料理「古典韃靼生牛肉」到創意料理「一日甜菜根溏心蛋沙拉」，不管是開胃菜、湯品或是主菜，只要讀者想要的，全部收納在這本書中，而且精選的食材及做法，讓你可以毫無負擔、安心享受美食。

中華餐旅協會會長　

## 用橄欖油呈現健康的
## 美食饗宴

　　我與馬可老師已經相識 20 多年，是曾經飯店業工作上的夥伴，也是一起創業的戰友，不管哪個時期哪個角色，馬可老師對食材的講究與料理執著的精神，都是把我們緊緊扣住的重要元素。

　　回想從相識到現在的一路以來，馬可老師不僅專注在飯店廚房的工作，工作閒暇之餘也不斷精進自己，考取了義大利橄欖油專業品油協會（O.L.E.A）高階品油師認證，進而開啟了他的斜槓人生，不斷開課推廣用好油的健康飲食概念。

　　我非常推薦大家這本《高代謝地中海料理》。在這本書中不僅收錄了馬可老師對油品的知識，也集結近幾年的廚藝總成。不論你是第一次接觸馬可老師，或已是馬可老師的忠實粉絲，這本《高代謝地中海料理》都是一定要收藏在櫃的實用書。你將會發現，只要跟隨馬可老師，你也可以透過好的橄欖油，以原食材呈現健康好味道，帶給餐桌前的家人及每一位賓客，一場口齒留香的美食饗宴！

瓏山林台北中和飯店旅館經理 

## 國際間備受矚目的
## 健康飲食法

　　主持節目「健康 2.0」這麼多年，最常被醫師、營養師提到的超強飲食法，正是「地中海飲食」。

　　地中海飲食，主要以橄欖油、番茄、穀物、適量魚類、乳製品為主，在飲食中降低肉製品的攝取量。國際間有越來越多研究證實，地中海飲食可以降低慢性病的發生、可以抗發炎抗氧化、保護心血管，還能預防失智。想知道怎麼把這個料理法，變成台灣人愛吃的佳餚嗎？趕快翻開這本書，為自己和家人烹煮，一起把地中海飲食法的好處吃下肚吧！

「健康 2.0」主持人 

# 透過我的地中海料理，
# 參與你的飲食生活

對喜歡我的粉絲來說，這是馬可老師的第4本料理食譜書。但對我自己來說，這本書卻是從我考上義大利高階品油師、專研地中海料理與橄欖油這6年多來，集大成的第一本書！

多年來，我從一個專業廚師的角度切入廚藝教學，不管是在書中、學校中，還是電視、網路上，我都滿懷期待能夠教導更多人正確的飲食和觀念。我的日常就是忙碌的斜槓生活，而身兼廚師和老師兩個角色這麼多年下來，我領悟到一個心聲，想對我的學生與讀者們說：

「你總有一天要學會自己做菜。」

綜觀全球趨勢來看，總覺得未來10年糧食勢必短缺。種植農作物的土地不斷受到大規模的商業開發，而剩餘的土地在長期耕作下養分耗盡……我們所愛吃的紅白肉類與海鮮魚類，必須仰賴商業畜牧手法大量生產複製才足以供給。在食物來源銳縮的局面下，為了滿足人們快速享用餐點的需求，食品加工業正日漸蓬勃。

即食、現成的食品為了大量生產並延長保存期限，勢必得加入許多添加物。如果我們順應這樣的潮流，飲食上只講求「方便、快速、好吃」，任憑「在家裡做菜給自己和家人享用」成為罕見的事，除了失去烹飪和分享的幸福感外，也無疑是在助長飲食的惡性循環。添加物的累積是潛移默化的，而我們的身體，總有負荷不了的一天。

與其無奈等待這天的到來，何不現在就選擇一個健康的飲食方式。

總有一天我們會變老，必須學習照顧自己、照顧身邊最親密家人的飲食，張羅每天的三餐。我們不需要成為大廚，但如何採買食材、基礎的烹飪技巧卻是必要的，才能在走進廚房時得心應手，並藉由飲食攝取到人體必需的營養素、提升自己的代謝力與身體免疫力。這也是我這6年多來在廚藝教學上，為什麼在課堂的料理之外，還堅持教會學生認識食材原型、理解烹飪原理、操作刀工手法、熟悉火候控制的原因。

這麼多年下來，我很欣慰已經有好幾位學生從剛開始對廚藝一竅不通，到達現在堪稱料理達人的等級。一路走來諸多困難，但在地中海料理教學這條路上，我依然會持續秉持理念，繼續堅持、直到我教不動為止。

我相信生活中發生的每件事，都是為了一個即將到來的美妙時刻做的事前準備。如果當年我的健康沒有出問題，就不會有今天的我。我希望透過出版這本《高代謝地中海料理》，能夠將真實改變我的人生、使我全心投入至今的料理經驗交棒給翻閱此書的每一個你，讓這本書參與你與家人的飲食生活，成為改變你們健康的契機。

謝謝所有參與這本書的好友們。

| 目錄 | CONTENTS

# CHAPTER 1
## 為了健康，深入地中海料理的世界

# CHAPTER 2
## 改變我一生的地中海飲食

# CHAPTER 3
## 「經典生食」的鮮美口感

# CHAPTER 4
## 「快火煎炒」的黃金美學

# CHAPTER 5
## 「烤箱烘烤」的高溫洗禮

# CHAPTER 6
## 「健康油炸」的美好滋味

# CHAPTER 7
## 「輕盈水煮」的有滋有味

# CHAPTER 8
## 「慢火燉煮」的熟成韻味

CHAPTER

1

# 為了健康
# 深入地中海料理
# 的世界

我曾經是個不重視飲食導致身體出現危機的胖子，

也曾為了減重去健身房拼命運動卻沒效，

最後，我在地中海飲食中找回健康有自信的自己。

我原是一名廚師，現在又被賦予了另一個身分「品油師」，

這樣的雙重身分激勵我帶領大家去打造更美味健康的飲食生活，

現在，能透過地中海料理參與別人的生活，我很榮幸且快樂。

這就是我的故事……

# 那一年
## 我是個 118 公斤的胖廚師

我當廚師 25 年了。剛入行時，我對這個行業的未知充滿高度好奇心。我不是餐飲系的學生（想不到吧，我讀的其實是環境工程科系），單純是抱持對料理的熱忱踏入這個行業。當時我在諸多料理類型中，選擇了歐陸料理來開啟廚師生涯，歐陸料理高雅的擺盤、菜系多元的變化都深深吸引著我。很多人說興趣不能當飯吃，但我越吃越起勁。入行 5 年後，忙碌的廚房生活絲毫沒有磨滅我對料理的喜愛，反而毅然決然投入符合我熱情性格的義大利菜系，開始在單一菜系中專研歷練技法。在一個領域中待得越久，越能發現自己真正的志向所在。我在入行 20 年的時候，決定帶著自身所學開始推廣最愛的地中海飲食，並研習橄欖油學理。一直以來，我都以職業欄能寫下「廚師」兩個字為榮。

但熱忱可以克服困難，卻不能保證健康。廚師生涯本就忙碌，錯過用餐時間常常是見怪不怪。尤其邊工作邊囫圇吞棗時，通常都是以高熱量的食物快速補充體力，無視分量大口喝濃湯、吃烤牛肉、吞下一大盤義大利麵……。而當辛苦工作了一天，餵飽所有的客人後，下班往往已經是晚上九點、十點，這時想要來一場療癒身心的宵夜更是人之常情。家住北投，下班必經士林夜市，又偏愛台灣小吃的我，心中首選當然是滷肉飯、炸蔥油餅、碳烤雞排再配上一杯珍珠奶茶，過著名符其實的小吃人生。

當年這般只有「愛吃」而不「懂吃」的生活，創下了我 118 公斤的人生成就。我對自己的體重不以為意，甚至覺得自己「就算胖，也是個很帥的胖子」。但我沒想到的是，忙碌的生活、過胖的體重加上錯誤的飲食，導致的竟然不只是外在體態的改變，連內在的免疫系統也連帶跟著崩盤。

## 又胖又病，
## 措手不及的健康危機

我在 34 歲的一個晚上，迎來了人生的巨變：突然癱倒。這個情況在我的第一本書以及一些媒體採訪報導中都有提過，某一天下班回家，我突然在家門口的樓梯倒地不起，大約 15 分鐘完全無法動彈，想拿手機求救也辦不到。後來好不容易稍微能動後，才拖著巨大的身體手腳並用爬回家（當時我家住在公寓的 5 樓）。緊急送醫檢查後，發現是「椎間盤滑脫」。但真正的原因，以我現在去回想，探究出的答案就是「不正視自己的健康」。

二十幾歲時仗著年輕體力好，覺得一切的疾病都不會找上自己。以為每天吃下的食物都是營養，卻不知道自己其實已經吃下過多的熱量，造成體重直線攀升。加上廚師的工作型態需要長期久站，龐大的重量壓迫到椎間盤都突出了也不知道，還以為只是腰部痠痛而已，貼貼痠痛藥布、泡泡溫泉、睡個覺起床後就一切美好。

而在這個過程中，其實也出現一個我不常跟人提起的小插曲，就是我發現自己對抗生素嚴重過敏。我每次感冒的時候都是先從扁桃腺發炎開始，這個症狀通常需要抗生素來壓制，為了讓自己快速恢復體力回復到工作崗位，我都會請醫師開下大量的抗生素。但不知道從

▲ 剛開始減肥時的工作照。

哪一天開始，只要吃下抗生素，感冒症狀雖然緩解，我的身體手腳末梢卻會莫名長出很多水泡，並且在隔天破掉、潰爛……每次清創時，都在隱忍皮膚撕裂的慘叫聲。

## 來自醫師的當頭棒喝 ──
## 「你給客人吃什麼，
## 自己就吃什麼！」

這個症狀持續了好一陣子，起初還不明白到底為什麼？直到我生命中的貴人，天母著名皮膚科 L 醫師的出現。

L 醫師是我當時任職的義大利餐廳常客，有一天他來用餐時，透過開放式廚房看到我的手腳都包紮著紗布在工作，認真看了我一眼後，只說了一句：「等你中午忙完之後到我診所，我來跟你說明一下為什麼會這樣。」我在下午時間好奇地到了診所，看著醫師搬出一堆又一堆的醫學文獻，細心向我說明，原來我的症狀是免疫系統改變，導致皮膚組織對抗生素產生水泡型潰爛的過敏。而

所有的不健康，都來自我吃下去的食物。

醫師語重心長跟我說：「該是時候改變自己的飲食習慣了，如果你不培養好身體的免疫力，現在只是皮膚潰爛，如果哪一天嚴重到連體內臟器都產生水泡潰爛時，真的就回天乏術了。你必須改變飲食，調整自己的免疫力，來戰勝種種的外在疾病。我常常去你們的餐廳，就是因為你做的菜色符合健康飲食原則，每次我都吃下一碗沙拉跟一份義大利麵，開心滿足地離開。你有照著這樣吃嗎？你應該要『給客人吃什麼，自己就吃什麼』才對。」

## 神助攻的地中海料理！
## 瘦下 1/3 個自己，
## 健檢報告的驚人變化

「給客人吃什麼，自己就吃什麼！」這一句來自醫師的當頭棒喝，讓我決心從每天的飲食開始調整自己的免疫力。雖然是本來就熟悉的地中海料理，但一向只聚焦於廚藝的我，這幾年專研的過程依然跌跌撞撞。這段時間中，我從廚師的視角重新審視了自己與大眾飲食該調整的方向，更發現了自己對橄欖油的熱情，在 2020 年考取了高階品油師的證照。

自 6 年前決心開始實施地中海飲食，再搭配適當的運動習慣後，我的體重在一年半內從 118 公斤降到 90 公斤。接下來的兩年時間，飲食控制更精準，體重更是下降到 80 公斤。不僅如此，健康檢查報告上的紅字也越來越少，每一年，我都在地中海飲食的引領下，逐步到達更好的狀態。幾年前的我不可能相信，地中海料理竟然如此影響我的人生。

|  | 2019 年 3 月 | 2020 年 3 月 |
|---|---|---|
| 體重 | 87.5kg | 80.7kg |
| 身體質量數 BMI<br>標準值為 18.5 - 24 | 28.9 | 26.5 |
| 腰圍<br>男性需 < 90cm | 95.0cm | 89cm |
| 體脂肪<br>男性需 < 25 | 27.5 | 26 |
| 三酸甘油脂<br>< 150 mg / Dl<br>為標準值 | 227 | 147 |

▲ 雖然還有些不合格的地方，但每年都在逐漸進步中。

◀ 開始實施地中海飲食後，才真正懂得什麼是健康的美食。

# 世界認證的
## 高代謝地中海料理

　　《美國新聞與世界報導》在每一年，都會號召數十位飲食、營養、減肥、心理、糖尿病和心臟病方面的專家，針對全世界的健康飲食法進行評比，評分標準為以下七個項目：計劃實施的可行性、短期減肥的潛力、長期減肥的潛力、營養的完整性、飲食的安全性、預防心臟病的潛力、預防和管理糖尿病的潛力。而自 2018 年起，「地中海飲食法」已經連續三年奪得「全球最佳飲食法」的冠軍寶座。

　　地中海飲食是地中海地區流傳已久的傳統飲食，最早開始受到國際間的重視，卻是起源於 1971 年一位美國明尼蘇達大學的生理學家安塞爾‧吉斯博士（Ancel Keys）的研究。當時這位博士與他的學者團隊，針對美國、芬蘭、義大利、西班牙、希臘、南斯拉夫、日本七個國家，展開了歷程 10 年的飲食型態研究。

　　在這個研究中發現，以脂肪攝取量比例相同的國家來說，地中海沿岸的人們因心血管疾病死亡的機率，竟然足足低了三倍。原因無他，就在於以橄欖油為來源的油脂攝取，還有原型食物的大量使用。就此，地中海飲食被定義為一種大量食用橄欖油的健康飲食型態，逐漸在全球各地受到關注與肯定，甚至 2010 年，還被聯合國教科文組織列為「非物質文化遺產」。

# 用食物的力量
# 排除體內脂肪和毒素

而我自己，也在身體力行地中海飲食 5 年多，深刻體驗到了許多執行地中海飲食後帶來的變化，接下來就讓我來細細說明，實際在我身上發生的改變：

## 1 加速新陳代謝，促進體內排毒

地中海飲食法強調原型食物與多彩繽紛的蔬果，而這些都含有大量的天然酵素與植化素。**酵素**與**植化素**可以增加我們人體的新陳代謝，當人體的基礎新陳代謝率一提高，加上補足每日適當飲水量（攝取量因人而異），堆積於體內的老廢物質的排出速度就會加快。

適當的飲水和地中海飲食，都是提升代謝缺一不可的重要關鍵。人體有 70% 是水分，體內所有的運作機制幾乎都和水分有關。也因此，一旦身體缺水，燃燒熱量的速度也會跟著下降。如果你每天只專注於補充好的橄欖油與天然蔬果食物，卻忘了攝取每天所需的正確水分，依然很難成功提升自己身體的代謝率。一般建議每天補充 2000cc 的水分，但還是得根據每個人的體重、每天活動量、環境以及天氣不同去調整。

### 增加代謝的喝水量計算方式

$$\text{體重（kg）} \times 30 = \text{你的每日飲水量（cc）}$$

例如，馬可的體重是 80kg，將 80×30 ＝ 2400cc，就是我每天至少需要喝到的水量。想要增加新陳代謝、排出體內老廢物質，遵循地中海飲食方式之餘，記得還要多喝水喔！

## 2 調節異常食欲，燃燒多餘脂肪

這個小標題，馬可小小開個玩笑，私心覺得應該改成「減肥比戒毒還難」才對！這也是我一位營養師好夥伴最愛說的金句。每次聽到這句話，我都會開心大笑。

以我自己為例，要不是身體帶來實質上的反撲，不然從出生時刻算起我足足胖了 33 年，要我減肥，真的是比戒毒還難（當然這純粹是博君一笑的說法）。但到了現在，我可以很驕傲地說，其實減肥不難，困難的是飲食習慣的養成。我花了 5 年建構出一套地中海飲食的習慣，也迎回一個健康的身體。

回頭來看，減肥過程中最難的是忍受飢餓感，尤其我身為廚師，怎麼可能讓自己忍受飢餓呢？要改善肥胖，最重要的是要讓飢餓感退散，這個時候，橄欖油及其他健康油品就起到了最大的作用，因為**油脂會供給人體熱量，可調節飢餓感、抵擋嘴饞的衝動**。當然前提是要好的油脂才行，例如特級初榨橄欖油、苦茶油、亞麻仁油和可可脂，這些都是對身體有益的食用油脂。還有研究顯示，如果在吃飯前兩個小時吃兩片原豆原脂的 100% 巧克力，不僅有飽足感，還能有效降低食欲、增加工作專注力。

在吃對好油的飲食法則之下烹調食物，不僅讓食物更美味、增加滑嫩口感、賦予食材更好的香氣，也能夠幫身體補充正確的熱量，不但消除了飢餓感，還讓人活力滿滿。

## 3 增強抗氧化力，維持年輕體態

什麼是氧化？想像一下，如果把一顆切開的蘋果或一罐開封的橄欖油放在空氣下，氧氣就會開始對這些東西進行化學作用，蘋果慢慢變色、橄欖油逐漸變質，這就是所謂的「氧化」。

「氧氣」同時是創造和滋養生命的關鍵元素，也是加速人類「衰老」、「病變」和「死亡」的元凶，這是自然界裡一個天大的諷刺。我們的呼吸、細胞代謝和生理運作都必須仰賴氧氣，但卻也因此產生稱為「**自由基**」的氧化物副產品，它會破壞細胞與低密度脂蛋白相結合，變成壞的膽固醇，阻塞血管動脈、損壞 DNA 鏈結，導致惡性腫瘤的產生，並分解體內的蛋白質。如此一來，不但身體加速老化，也提高了罹患心血管疾病、免疫疾病，甚至癌症的機率。

因此，我們在仰賴氧氣生存之餘，也必須消滅氧化時出現的有害物質——「自由基」。**地中海飲食中使用的各種天然蔬果食材，以及橄欖油與其他油脂中含有的大量維生素、胡蘿蔔素、多酚等，都是有助於清除自由基的營養素。**加上執行地中海飲食後新陳代謝提高，你吃下去的大量優質蛋白質、促進腸胃蠕動的纖維質與天然非精製的澱粉更能夠被吸收，再配合富含 Omega-3、6、9 的各種好油脂下去烹調，自然就會增加身體的抗氧化能力。

我的營養師好朋友們常提起，在 40 歲之前你怎麼對付你的身體，40 歲之後你的身體就會怎麼樣對付你。據說人體在 80 歲之前，體內有 80% 的蛋白質會氧化，換句話說，氧氣使我們身體得以生存而強大，但也使我們的身體因衰敗而退化。所以，我們更需要好的飲食加上好的油脂，時時幫身體大掃除，清除自由基，達到抗氧化的作用，預防大自然環境病毒的侵害。

# 4 緩解體內發炎，提高免疫機能

人體的發炎反應分為兩種，一種是急性發炎，一種是慢性發炎。急性發炎是人體遇到傷害時修復的一個必要過程，例如：做菜的時候切到手，或是燙傷、擦傷、撞傷時出現的「紅、腫、熱、燙」反應，都叫做急性發炎。而慢性發炎，則是形容這個必要的發炎過程拖得太長太久了，就會發生「自體免疫疾病」。

相信有不少人聽過「免疫力失調」這個詞，與免疫力相關的疾病型態及發生率，在這幾年有越來越高的趨勢，例如類風濕性關節炎、紅斑性狼瘡及皮膚乾癬（就是俗稱的牛皮癬），都是身體長期慢性發炎所導致，而癌症及阿茲海默症，也是不同部位的細胞產生慢性發炎的症狀。此外，還有頭痛、腰痠背痛、過敏等長期性或突然發生的疼痛，都是一種深深影響我們生活的發炎現象。

根據許多近代醫學研究，飲食的選擇與身體發炎確實有直接相對應的關係。當你想要打造健康的身體來抗衡病毒時，正確的生活方式及飲食習慣，才是強化人體第一道防線的最佳解答。如此一來，病原、病毒入侵身體時，我們的免疫系統才能夠迅速反應並加以制伏。

地中海飲食中常提出人體需要均衡攝取 omega-3、6、9，加上天然蔬果食材中的纖維、植化素、酵素、維生素，這些都有助於調節發炎。此外，薑黃也是抗發炎的好東西，這也正是我常掛在嘴邊跟大家分享要多吃橄欖油與其他好油（例如：亞麻仁油、椰子油、茶籽油、苦茶油與可可脂）以及原型食物的概念。當我們飲食過度或身體過勞，導致免疫功能失衡時，這些天然的營養素能發揮補強作用，促進免疫機制來對抗發炎這個可怕的敵人。

# 5 預防心血管疾病，健康指數好轉

已經有不計其數的醫學報導指出，要吃好油來保護心血管。以橄欖油的營養成分為例，橄欖油中最重要的橄欖多酚，如水合酪胺酸（hydroxytyrosol）、環環烯醚（secoiridoid aglycone），以及像角鯊烯（squalene）這一類的碳氫化合物，都是天然的抗氧化劑，是保護橄欖油免於氧化變質的天然防腐劑，因此能幫助與保護人體的各部位組織免受自由基的攻擊，達到抗老的作用，而多酚與橄欖油的其他營養物質對心血管也很有幫助。

醫學界也有另一派的說法指出，橄欖油含有大量的單元不飽和脂肪酸與橄欖多酚，但光喝油還是有熱量的疑慮，必須搭配大量蔬菜水果中的多酚，用更均衡的方式增加心血管的強度。所以說，要預防三高，遵循地中海飲食法中的好油搭配好食物原則，才是增長我們心血管使用年限的正確方式。

我們人體隨著年紀的增長，心血管承受的負擔也會越來越大。一部好的引擎需要好的油脂來潤滑，人體當然更需要妥善保養。今年做身體健康檢查的時候，近幾年身體力行地中海飲食控制的我，本以為可以交出完美漂亮的成績單，但其實不然，之前體重超標所造成的傷害一直持續影響著我。我都笑說今年是出生以來最瘦的一年，但健康檢查報告的總膽固醇、低密度膽固醇指數與冠心病危險因子還是顯示「紅字」。

　　雖然我的家庭醫生認為，每年都有下降的趨勢其實已經很不錯了，但我內心還是不免小有挫折。寫到這裡，不是要大家上粉絲專頁安慰我，而是想以切身經歷告訴大家，應該更早開始重視身體的健康！

# 打造地中海料理2.0
# 廚師到品油師的距離

一開始決定執行地中海飲食法時，雖然我擅長義大利菜系，而且用過的橄欖油也不計其數，還是不斷反問自己：「對於地中海飲食究竟了解多少？食用橄欖油就是地中海飲食嗎？」答案當然是否定的。當年我根本對料理以外的事一知半解，傻傻認為只要用橄欖油烹調食物就是地中海飲食。

經過拜讀大量資料後我終於發現，地中海飲食其實不是某種特定料理，而是一套有益健康的飲食模式，食用橄欖油只是其中之一而已。落實這種飲食法的要點包含，必須攝入豐富的食物纖維和類黃酮素、類胡蘿蔔素等植化素，還有含 omega-3 脂肪酸的海魚和堅果，食用優質蛋白質的豆類、蛋奶和魚雞等白肉、吃少量紅肉，並採用以橄欖油為主要食用油的烹調方式，大大保留食物的營養成分，減少不好油脂的攝取，才有利於保持健康體重與體態。

## 在地食材與橄欖油結合，地中海飲食再進化！

對我來說，「橄欖油」不只是「油」，更是「食材」。烹飪原本就需要油脂來為食材增添美味、潤化與飽足感，不管是利用食材本身的脂肪，還是另外添加的外來油品。總括來說，不管你做任何料理，都脫離不了透過油脂來協調與美味的關係。而我受到廚師身分的驅使，接觸地中海飲食後，也開始對橄欖油這個食材抱持無比的熱情與好奇。

橄欖油的榨取來自於橄欖果實，橄欖果實則會因產地每年的氣候、風土條件、採摘時間點的種種因素，讓每年橄欖油的調性、甜味、苦味、辣味產生絕妙的差異性，而這些差異有些是大自然的環境使然，有些則是有趣的莊園主人刻意造成。

橄欖油這麼值得玩味的獨特性，正是讓我深深地愛上它的原因。研究各種橄欖油應該搭配何種料理，對於熱愛美食的我而言，完全是一種生活樂趣啊！而且我也發現，當廚師多年訓練來的味蕾敏銳度，還有探究食材的好奇心，也讓我在研究油品這個領域上，比其他同學更多了一點優勢，可以輕易分辨味道、香氣上的細微差異，而且也更能活用在料理上，於品嚐菜餚時快速挑選出最適合的橄欖油。

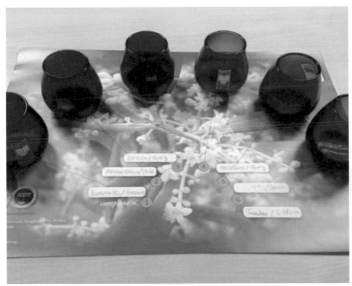

▲ 考試時品飲的眾多橄欖油。

▲ 參加初階品油師考試的時期,當時身形還有點圓潤。

▲ 品油杯的深藍色,是為了避免品油師被油品的顏色影響。

　　這也是促使我踏上探索「在地化地中海料理」的原因。台灣是一個食材的寶庫,雞鴨魚肉、生鮮蔬果……年年盛產樣樣精彩,不用這些美好的食材來結合橄欖油,開發出符合台灣精神的獨到地中海料理,真是太可惜了。隨著對油品的研究越深入,我也越迫不及待將橄欖油結合台灣食材,開創出獨一無二的地中海料理。

## 考取品油師,
## 發掘橄欖油的博大精深

　　從研究橄欖油到考取品油師,讓我人生更進階的機緣發生在 2014 年。當時我與國內著名橄欖油代理商有一次商業對話,會後廠商董座問了我一句:「Chef 會想要報考橄欖油初階品油師認證課程嗎?」我一聽到馬上又驚又喜回答:「我

可以嗎?如果可以我就直接報名。」廠商驚訝地問我:「Chef,你連想都不用想,考試費用不低耶!而且考試的內容大家都不熟悉,你確定嗎?」

　　我心中的答案當然是確定的,我已經嚮往這個認證很久了。雖然考試的過程,只在書中看過而沒有親身經歷,但我想,我已經自我研修橄欖油有一段日子了,應該不會困難到哪去吧?

　　2014 年 2 月 19 日,我踏入台灣第一次由義大利國立品油師協會(The National Organization of Olive Oil Tasters)所主辦的「初階橄欖油品油師認證」考試會場,當時我內心無比雀躍。早上八點整,義大利老師開始上課,一連串講解起橄欖果實的栽種方式、風土影響風味的奧祕、營養方程式、橄欖品種與調性、四大正向味道,以及所有負面味道的影響

來源……，此時我才如大夢初醒，喔！不是，應該說我身邊所有的同學都如大夢初醒。原來，考品油師真的不簡單！

辨別初榨橄欖油的風味，需要高度的專注力、嗅覺敏銳度、味蕾感受度，必須在品嚐的瞬間判定出各種味道的分數。而且在四天的認證考試中，每天必須品飲超過20款以上的橄欖油，當然，還包括讓人難忘的負面風味橄欖油。每天考試一整天下來，產生味覺疲乏不說，更不敢亂吃東西，就怕嘴巴裡的味道影響考試結果。這個過程的虐心，我想只有參加過認證考試的人才有同感。

或許是老天爺保佑加上些許的幸運，經過四天的認證課程，我終於取得國內第一次舉辦的初階橄欖油品油師證照。熟悉我的人都知道，我常說這一次初階考試，才是真正開啟我對橄欖油求知若渴的鑰匙。在這之後，我開始不斷專研有關橄欖油的營養成分、各大產油國的風味產區、各種橄欖果實品種的風味認知，甚至瘋狂收集品飲，盡其所能拜讀各種橄欖油相關書籍，讓自己徜徉在橄欖油的知識與風味世界中。然後在 2019 年，我決定往橄欖油世界再邁進一步，考取「高階品油師認證」。

▲ 高階品油師試卷，要幫各種橄欖油評斷正負味道的分數。

▲ 高階品油師證書，品油人生的里程碑。

## 進階挑戰，高階品油師的認證

高階品油師的認證考試需要花費一年的時間，因為得通過一季一次的認證制度，通過四次的品油味蕾校正，標定好橄欖油在味覺世界振盪出的胡椒味、花香味、青澀味，大腦記憶中需要界定負面橄欖油中酸腐與醋酸的不同標定尺，口腔記憶中需感受油脂流動性與橄欖油失去果實香味時的表現度。

過程中認證協會的老師還會刻意在品飲項目中安插不好的劣質橄欖油。經過了嚴峻艱辛的四次味覺旅程，終於在 2020 年的 3 月，我通過了義大利橄欖油專業品油協會（O.L.E.A）的高階品油師認證，順利取得證書！

這段品油師歷程耗時 6 年，我時刻充滿熱忱，心境卻是孤獨的。因為要在廚師界遇到橄

欖油同好的可能性，微乎其微。但也因為這樣，我兼具「高階品油師」和「廚師」的角色更加獨特、更具社會責任。本來今年（2020 年 8 月），我已經做好飛去義大利挑戰品油師最終目標「國際品油師認證」的規劃，但因為新冠肺炎的影響考試停辦了，暫時也不宜出國。不過在我自己心中，這趟專研橄欖油的旅程並沒有結束。希望在不久的將來，能協助更多人一起順利考取國際品油師，和更多懂得用油的專業人士，一起推廣地中海飲食，共同為台灣人的健康把關。

## 品油師的 4 大品油步驟

專業品油師需要仰賴味蕾和嗅覺，辨別出橄欖油屬於哪一種調性，用鼻腔分析橄欖油是果實香氣、花香或是堅果風味，用口腔感受橄欖油的甜味、苦味、辣味，才能進行橄欖油的評鑑。接下來，就簡單說明品油師品油的過程，大家也可以跟著試試看。

| 溫杯 | 聞香 | 品嚐 | 啜吸 |
| --- | --- | --- | --- |
| 先將裝有橄欖油的品油杯放於一手的掌心，另外一手蓋住杯口，開始搓揉品油杯至約 25℃ 左右（冬季大約搓揉 2 分鐘、夏季大約 1 分鐘）。這個時候橄欖油會因托住杯底的手掌溫度散發出橄欖果香，所以用另外一隻手掌蓋緊杯口，橄欖油的香氣才不會流失掉。 | 拿開蓋住杯口的手，將鼻子湊近杯口深深吸一口氣。如果聞到許多橄欖油的美好香氣，例如青草香、番茄香、堅果香……表示橄欖油的品質不錯。相反地，如果聞到醋酸味、酸腐味、油耗味、泥土味或霉味等負面味道，有可能是橄欖油的保存方式不對或是過期了，強烈建議不要繼續品嚐。 | 先大力吸氣後稍微閉氣，將杯中的橄欖油緩緩倒入口中後停留，用舌尖感受甜度，用口腔感受流動性。橄欖油在製作上的用心，會充分展現在橄欖油的流動性上。 | 將舌尖頂住口腔上顎，讓橄欖油往舌根流動後，維持這個姿勢吸氣，讓空氣從嘴巴兩側進入口腔中。透過這個動作，可以讓舌根辨別苦味、喉嚨判斷辣度，不管是正向或負面的橄欖油的味道，都將赤裸裸展露無疑。 |

CHAPTER

2

# 改變我一生的地中海飲食

營養均衡＋吃好油脂＋減醣低卡，

是我實踐健康飲食生活的原則。

在這章節中除了分享我個人的飲食方式，

還會帶你認識在地中海料理中不可或缺的橄欖油，

說明風味、產區、選購技巧、料理運用等等。

並介紹經常運用在食譜中的基本食材與調味品，

為打造健康的飲食生活做好準備。

# 我的地中海飲食
# 三大原則

地中海飲食法的定義，通常可以簡單被歸類成「吃大量的蔬菜水果、橄欖油，搭配天然乳製品加上適量的魚、蛋及家禽類，並食用少量紅肉及紅酒」。

執行地中海飲食法這幾年來，我也持續向許多營養師朋友討教、交流，除了參考地中海飲食的金字塔準備健康均衡的三餐，因為我還有減重的目標，所以也將飲食調整成減醣的模式，逐漸建構出一套規律、好執行的飲食習慣，主要可以分成三大原則。

**儘量少吃**
含高糖與不健康油脂
的甜點

**每週攝取**
動／植物蛋白質

**每天攝取**
乳製品、堅果種子類、香辛料

**每餐攝取**
蔬果、橄欖油、穀類

▲ 地中海飲食金字塔

| 飲食類型 \ 營養素 | 碳水化合物 | 蛋白質 | 脂肪 |
|---|---|---|---|
| 均衡飲食 | 50 ～ 55％ | 15 ～ 20％ | 20 ～ 30％ |
| 減醣飲食 | 20％ | 20 ～ 30％ | 50 ～ 60％＊ |
| 生酮飲食 | 5％ | 20％ | 75％ |

＊把橄欖油加進沒有熱量的蔬果中，維持減醣需要的 50 ～ 60％脂肪攝取量。

## 原則1 均衡的「321黃金法則」

我自己在準備餐點時，以方便性為考量，並不會精算每種食物的用量，而是以「3份蔬果：2份優良蛋白質：1份澱粉與醣類（原型食物）」的比例備餐。

至於一份的量……請舉起你的手握緊拳頭，每天吃多少，都掌握在自己的手中（笑）。每個人的體型不同，手的大小也不一樣，所以你的一個拳頭大小，差不多就是對你來說一份的量，換句話說，每一餐的蔬果攝取量是三個拳頭、優良蛋白質（魚肉類）是兩個拳頭、原型澱粉則是一個拳頭。

透過這樣的方式，能夠攝取到大量的蔬果纖維質增加飽足感，確保各種營養素足夠，也能從魚肉豆蛋奶中得到足以維持生理機能運作的好蛋白質。而原型澱粉類，例如：地瓜、馬鈴薯、原型的五穀雜糧米類、用全麥麵粉製作的義大利麵與麵包等等，也能供應人體熱量，讓我們工作時保持動力。

一公克的牛油跟一公克的橄欖油，哪一個熱量比較高？正確解答，所有油脂的熱量，都是一公克九大卡。所以，同樣吃進這些熱量，當然要攝取更好代謝、營養更豐富的油脂，CP 值才高啊！

油脂是構成人體 60 兆細胞的細胞膜主要成分，甚至我們的大腦就有 60% 是油脂，堪稱人體最重要的三大營養素之一。換句話說，假如每天吃不好的油，我們的身體和大腦就會被這些劣質的油脂佔領。

我們平常攝取的油脂分成奶油、豬油、牛油等動物性的「飽和脂肪酸」，以及魚油、橄欖油、葵花油等來自植物性和魚類的「不飽和脂肪酸」，又分為單元和多元兩種。其中單元不飽和脂肪酸的代謝率最高、油質最穩定，也最不容易造成心血管疾病。

如果平常習慣吃大豆沙拉油等調和油或精煉油，攝取的都是「多元不飽和脂肪酸」與「飽和脂肪酸」。其實也符合熱量標準，只是需要更多勞動和運動才能將其排出體外，這對於忙碌的我們來說簡直天方夜譚。

而地中海飲食中大量使用的橄欖油，具有高達 76% 的「單元不飽和脂肪酸」。這也就是說，當我們吃進高代謝的橄欖油或是其他好油脂，除了攝取到營養外，也能夠把體內積存的不好油脂成分排出來。所以我都會隨身攜帶一小瓶橄欖油，當吃到不知道店家用什麼油脂烹調的外食時，就自己加一些好油來均衡營養、促進代謝。

　　所謂的「減醣」，減少的是「酉」部首的醣，而不是「米」部首的糖。簡單來說，就是降低碳水化合物的攝取量。我的做法，就是把平常吃的米飯或天然澱粉的量，從兩個拳頭大小降到一個拳頭或是 1/2 個拳頭，每一餐的纖維質跟蛋白質吃得比澱粉多，血糖就比較不易波動，也不容易感到飢餓。

　　我接觸過太多想要減肥的人（包括我自己在內），遇到最大的阻力就是無法控制食欲，一直想要吃東西。而減醣的好處，就是血糖穩定了，飽足感撐得比較久，而且基本上任何食物都可以吃（當然不包括垃圾食物喔！），沒有壓抑就不會暴飲暴食，更容易持之以恆。

　　當然，即便是天然的食材，如果一次吃太多，熱量超過身體的負荷，體重還是會超標。但依照我個人的經驗，只要選擇了對的食材與對的烹飪方式，參考 321 黃金法則控制食物量，再搭配好的油脂，其實不需要計算太多數值，自然就能達到降低卡路里的效果。相信馬可，減肥是一段辛苦的路程，所以更應該吃到美好的食物，而且，吃飽了才有力氣減肥！

# 高代謝地中海料理
## 的三餐選擇

　　本書中的食譜非常適合呼朋引伴一起動手做，不僅吃起來美味，還可以一起共享提升代謝後的健康生活。接下來要為大家示範用書中料理搭配七天的餐食，記得參考書中食譜的分量，一個人以一人份為主，才不會飲食過量。

# 馬可老師的外食建議

雖然很想每餐自己煮，但我身為一個東奔西跑的廚藝老師，以外食打發一餐其實也是生活常態。但這時候吃什麼就很重要了，正所謂「由瘦變胖易、由胖變瘦難」！

外食請掌握一個基本的大原則──「吃的食物要比食品多」。在現在的環境下要不吃食品太難了，所以我也不會斤斤計較，只希望每一餐的「食物」比例比「食品」多就好。當然，還是要減少攝取過多精緻加工、澱粉、調味的東西，例如台灣之光：珍珠奶茶。

接下來就提供大家一些，我自己常吃的外食搭配方式：

## 自助餐

1  米飯 1 碗（推薦五穀或糙米飯）
2  蛋白質 1 份（以蒸煮或烤的魚、白肉為主，推薦清蒸鱈魚、鮭魚，或者烤或滷的棒棒雞腿）
3  水煮青菜 1-2 份
4  紅蘿蔔炒蛋或者是水煮的絲瓜 1 份

## 小吃麵店

1  陽春乾麵／陽春湯麵 1 碗
2  燙青菜 1 份（我都沒有調味，搭配自己帶的橄欖油）
3  水煮肉類的湯 1 碗（推薦嘴邊肉湯、赤肉湯）

## 便利商店

1  沙拉 1 大盒（搭配自己帶的橄欖油）
2  香蕉 1 根
3  雞胸肉 1 片
4  茶葉蛋 2 顆
5  御飯糰或地瓜 1 個

＊挑選外食盡量不要選有勾芡的羹湯類、吃過多的內臟，或是加太多不知名的醬料。因為不確定店家使用的材料或油脂，我習慣隨身帶一小瓶橄欖油在身上，當沙拉醬或拌燙青菜都很好吃。

———— *COLUMN* ————

# 我一天的油脂攝取方式

雖然說在地中海飲食裡「油脂」是關鍵，但很多人對一天要吃多少油其實不太有概念。所以接下來，我要向大家舉例我自己的三餐怎麼吃油。這套方法，是多年來和許多營養師好朋友共同討論交流後，我認為最適合我自己、實行起來最沒有壓力的方式。

◀ 321 黃金法則搭配好油，
　 簡單又美味的一餐。

關於油脂攝取量，我通常這樣建議：

**1 天油脂的攝取量　＝　體重相等的 cc 數**

以我自己的體重 80 公斤為例，等於每天喝 80cc 的油。不用擔心，不是一乾而盡，這個量是要平均分配到三餐中的。這樣一來，每餐大約攝取 26.6cc 的好油，我常開玩笑說：「煎兩顆荷包蛋都不夠！」實行起來完全沒有負擔。以下是我身體力行多年的三餐模式，確保每天都能充分攝取到足夠的好油脂。

**第一餐 早餐**

洗臉刷牙後，我會依照當天心情選擇一種好油（通常是亞麻仁油、橄欖油、椰子油），直接喝下 26.6cc（自己需要的量），或是加到早餐中享用。好油脂有助活化大腦、提升記憶力，可以提供我活力，開啟忙碌的一天。

**第二餐 午餐**

午餐是最不能控制的一餐。因為錄影通告或廚藝課程等因素，我通常都是吃便當或外出用餐，因此我會隨身帶一小瓶橄欖油，時而淋在餐點上、時而先品飲再用餐，這樣一天當中第二份 26.6cc 油品就吃下肚了，也可以藉由單元不飽和脂肪酸來維持高代謝率，排除外食對身體帶來的負擔。

**第三餐 晚餐**

晚上我盡可能回家自己煮地中海料理，將第三份油品用於餐點中。如果事先知道要晚歸，也會自己先準備好一個冷食便當。還有另一個方法，就是在睡前刷好牙後用橄欖油漱口 5 分鐘，讓好油脂流動於口中，用來保養自己的牙齒與牙齦。因為剛刷完牙口腔還很乾淨，漱完口直接把油吞下肚就好，有助於潤滑腸道，讓隔天早晨與馬桶的邂逅更順暢。

# 地中海料理的靈魂
# 橄欖油

橄欖油擁有超過兩千年的歷史，在地中海飲食的地位與重要性無庸置疑。從歷史性跟地理位置來看，環繞地中海的眾多國家，緯度剛好坐落於最適合栽種橄欖的溫度帶。在羅馬時代，橄欖油不但是食衣住行的代表性民生用品，更是古代地中海區域君主的國庫象徵。

而橄欖油的魅力之所以歷久不衰千百年，除了適合運用於料理，並帶有迷人香氛之外，最主要的原因，其實是營養性。橄欖油被認為是迄今所發現的油脂中最適合人體的油脂，營養層面多到可以出一本專書探討。但現在，就讓我這位專業的品油師，先用最淺顯易懂的方式來簡單說明吧。

## 橄欖油的高營養價值

自古以來，橄欖油都是用物理性的方式製作。採收下來的橄欖果實連皮帶籽榨成汁後靜置到油水分離，上層的油脂就是橄欖油。雖然隨著時代演進，現在傳統石磨大多改成不銹鋼滾筒式壓榨，但依然沒有經過化學處理，完整保存了橄欖果實的天然營養成分。

橄欖油不具膽固醇，而且人體消化率高，含有大量提升新陳代謝的「單元不飽和脂肪酸」不說，其中的「橄欖多酚」更是神奇的營養物質，有強大的抗氧化功效，可以預防冠心病與動脈粥狀硬化的發生。除此之外，在新鮮狀態下冷壓（製程溫度必須低於 26 度）的橄欖油中，也可以攝取到維生素 A、D、E、K、$\beta$- 胡蘿蔔素，鈣、磷、鋅等礦物質，以及蛋白質、必需胺基酸等，獨特的保健作用和高營養價值，讓橄欖油在西方被譽為「液體黃金」，不論對於哪個年齡層的人體來說，都是最符合需求的食用油。

## 橄欖油的獨特香氛味道

　　橄欖油獨特的香氛和味道，也是我愛上它的主要原因！橄欖油依據橄欖的品種、栽種的風土條件跟果實成熟度，風味都不一樣。比方說，種在山上的橄欖油通常較為細膩溫潤，而產於海邊的橄欖油則濃郁。此外，還沒成熟的青綠橄欖榨的油辛辣濃郁，反之，用成熟偏向紫黑色的橄欖榨出來的油則甘甜溫潤。用不同風味的橄欖油做料理，等於利用大自然的精華加乘食材的美味，讓吃下口的幸福感也跟著加倍！基本上，橄欖油可以分為輕、中、重三大風味，建議大家可以試著品嚐特級初榨橄欖油，確認其特性後找出最適合搭配的料理，輕鬆讓美味更進化！

### 輕
### 淡雅風味
### 橄欖油

　　帶有杏仁跟淡雅青草香的輕味橄欖油，與蝦子、扇貝還有魚類這種有纖細口感的食材搭配時，能夠提升食材的鮮度。加進溫熱的蔬菜和生菜沙拉中，也可以讓蔬菜本身的甘甜更明顯，淋上甜點或優格更是絕配。

### 中
### 溫潤風味
### 橄欖油

　　大多使用成熟果實製成，甘甜順口，不僅辛辣度低，還會呈現出淡淡的水果香氣，有些帶有紅番茄氣息，拿來料理義大利麵與燉飯類特別對味，洋溢一股道地的地中海風情。

### 重
### 濃郁風味
### 橄欖油

　　如果橄欖農夫提早在橄欖果實尚青綠的時期就摘取下來榨油，就會產生果香濃郁辛辣的橄欖油。直接品飲可能因為過於辛辣而咳嗽不止，不過若是淋幾滴在香味厚實的煎鴨胸與沙朗牛排上，就會充分展現出強烈的美味。

---
#### ── BOX ──

#### 橄欖油不耐高溫？

冷壓初榨橄欖油只能涼拌？這其實是一個錯誤觀念。影響橄欖油耐熱度的成分，主要來自「酸價」與「單元不飽和脂肪酸」，酸價越低，單元不飽和脂肪酸就越高，讓油在加熱烹調中不容易變質。一般來說，特級初榨橄欖油的發煙點（油開始冒煙、變質的溫度）普遍超過190度，如果選擇酸價0.1%的橄欖油，甚至可以高達220度，這個數值比大部分植物油高出許多，不論是用在煎、煮、炒、炸上都是很合適的萬用烹調油。

**適合料理**
沙拉、生食、甜點

**常見品種**
Arbequina、Leccino、
Biancolilla、Rajo

**常見產地**
南法、義大利利古里亞、
西班牙巴塞隆納近郊

**適合料理**
煎、炒料理

**常見品種**
Taggiasca、Arbosana、
Hojiblance、Carolea

**常見產地**
西西里島、西班牙南部
的安達盧西亞平原

**適合料理**
燉煮、燒烤料理

**常見品種**
Picual、Coratina、
Frantoio、Koroneiki、
Ogliarola

**常見產地**
義大利托斯卡納

# 選購一瓶好的橄欖油
# 橄欖油有分能吃的和不能吃的！

前面已經教大家怎麼分辨橄欖油的氣味香氛，但這都是要把橄欖油買回家打開瓶蓋之後才會應用的部分。那在未開瓶的狀況，要怎麼選購一瓶橄欖油呢？當然可以從橄欖油的瓶身標示來下手，基本上橄欖油瓶身上就會透漏出許多的訊息。

就像一瓶好的紅酒一般，橄欖農夫或莊園主人也會為一瓶好的橄欖油而自豪，他當然希望購買者在看到他用心製作的橄欖油時眼睛會為之一亮，並一看就懂這瓶橄欖油要呈現的香氛有多麼美好。當橄欖油瓶身上的標示越清楚就會透漏出越多的橄欖油祕密，但這些祕密其實說穿了就是農夫與莊園主人的誠信與用心，所以看懂橄欖油瓶身上的標示是非常重要的。

▲ 我家中收藏的各種好油。

就讓我來說明如何觀察橄欖油的瓶身。簡單來說，拿到一瓶橄欖油時，我會先審視是否為冷壓初榨橄欖油？原產地國家是哪一國？再看是否為當今最流行的單一品種或是混合品種橄欖油？有沒有原產國的有機認證？以及原產地生產的認證標章？不知道怎麼看嗎？沒關係我們就拿一瓶橄欖油說明給你聽。

## 分級

　　每個國家的分級制度不同，但普遍都會遵循橄欖油協會的規定，我們不要講得太過複雜，在台灣銷售的橄欖油，大多分成兩個級別。

### 1. 特級冷壓初榨橄欖油（extra-virgin olive oil）

　　這是我最推薦的等級，尤其要看英文標示會更準確。表示使用的是第一次壓榨的橄欖，並且在整個製作過程中，都維持在 26 度以下的低溫，而且橄欖油的酸價 < 0.8%，油酸越低發煙點越高，油的品質較穩定。

### 2. 純橄欖油（pure olive oli）

　　這個等級是精煉過的橄欖油，指將發霉、過熟等次級的橄欖，經過化學程序去除霉味、酸味等不好的味道，再添加 10% 到 20% 冷壓初榨橄欖油製成的油。雖然也是通過檢驗過關才能裝瓶販售，但基本上已經沒有香氛存在。

## 產地

　　再來看是否為原產地生產。最簡單的分辨方式，就是標示在瓶身的國際條碼，因為國際條碼的前三碼為「國家號碼」，這是不能更改的，可以一眼認出這瓶橄欖油的身世是否真如瓶身上所說的國家。以三大產油國的國家碼為例，義大利是 800 ～ 839，西班牙是 840 ～ 849，希臘的國家碼則是浪漫的 520（順帶一提，台灣的國際碼是 471）。

## 品種

　　接下來就是品種，近年來尤其流行單一品種橄欖油。特殊的品種有特殊的香氣，有些則是橄欖多酚值更高。橄欖多酚值越高代表橄欖果實越強壯，能抵抗各種外來的病蟲害，壓榨出來的橄欖油營養更高。如果你看到橄欖油瓶上標註了單一品種名稱，這也代表了一個莊園主人的驕傲，不妨嘗試看看，不只可以直接挑選到喜歡的口味，更可以挑選到品質更好的橄欖油。

標章

　　認識原產地認證與各國有機農產品的標章，也是一個辨別品質的方式，例如歐盟認證的紅色和藍色食品品質標章。以下介紹幾個常見的標章，不同國家可能有不同的簡稱。

## 〈 歐盟食品品質標章 〉

| **原產地名稱保護制度**<br>**Protected Designation of Origin**<br>**(PDO)** | **地理標示保護制度**<br>**Protected Geographical**<br>**Indication (PGI)** | **傳統特產保護制度**<br>**Traditional Specialty Guaranteed**<br>**(TSG)** |
|---|---|---|
| 標明 PDO 標章的產品，表示從生產（含原料來源）、加工到調製全部在指定的區域內進行，並使用本地生產者認可的技術。屬於產地認證中的最高等級，在義大利、西班牙的縮寫是 DOP，法國則為 AOP。 | 表示生產、加工、調製的過程中，至少有一項需在指定區域內進行。雖然沒有 PDO 嚴格，依然屬於高品質的認證。在義大利、西班牙、法國的縮寫皆為 IGP。 | 必須是歷史悠久的產品，而且使用傳統、代代相傳的原料及生產技術製造，以區隔市場上相似的模仿商品。在義大利的縮寫是 STG，西班牙則是 ETG。 |

## 〈 其他各國相關認證標章 〉

▲ 歐盟有機認證　　▲ 義大利有機認證　　▲ 西班牙有機認證　　▲ 美國有機認證

 ◀ 希臘政府農業認證

 ◀ 西班牙高品質橄欖油協會

## 包裝

選購橄欖油還有一個最高原則，絕對要挑深色玻璃窄口瓶身！雖然鐵罐或是塑膠瓶、透明玻璃瓶裝，不代表橄欖油本身不好，但它充滿了容易讓橄欖油變質的三大元素——光線、氧氣、水分。

### 1. 橄欖油怕光線

不管是陽光或燈光都容易造成橄欖油氧化變質，所以要選擇深色避光的瓶子。

### 2. 橄欖油怕空氣

透氣性差的窄口玻璃瓶，可以減少瓶口與空氣接觸的面積，延緩氧化變質的時間。

### 3. 橄欖油怕水分

水分會造成油脂水解，加快氧化、變質的速度。玻璃材質不易跟油品產生化學變化，是最適合的材質。

## 價格

其實現在超市裡也可以買到品質很不錯的橄欖油，但一分錢一分貨，如果看到那種便宜過頭的產品，很有可能就是屬於次級或劣質油。如果還沒有養成分辨油品的能力，建議大家依照我多年專研橄欖油的經驗，挑選500ml的容量、價錢在 800 ～ 1200 元左右的冷壓初榨橄欖油，這個價位通常可以挑到品質、風味優良的品項。

歐盟認證標章
分級標示
產地標示
品種標示
國家碼

---
### BOX
### 橄欖油的保存方式

台灣的氣候濕熱，橄欖油一旦開封，建議大家最好在半年內把它用完，這樣才能維持穩定的好品質。因為當橄欖油越來越少，瓶身裡面的空間變多，那就表示空氣也變多，越容易氧化。

此外，千萬不要把橄欖油冰冰箱。大多數人買到一瓶好的橄欖油後，可能因為價錢較高或想要保存久一點，都會選擇放入冰箱保存。但這樣　來，冰箱開開關關忽冷忽熱的溫度，加上瓶蓋上累積的水氣往下滴落到橄欖油中，這些都是加速橄欖油變質的因素。

不只是橄欖油，大部分的油品也是這樣，建議保存在家中涼爽、乾燥、陰暗的櫃子裡，遠離熱源和光線。

—— COLUMN ——

# 認識其他好油脂

## 亞麻仁油
### Flaxseeds oil or Linseed oil

亞麻仁油是植物種子油中具備高含量 Omega-3 的代表，和橄欖油、苦茶油並列我心目中的三大優質食用油。

亞麻仁油中含有 Omega-3 脂肪酸，可以改善心血管疾病、高血壓、動脈粥狀硬化發生的機率，還可以在人體內轉換成二十碳五烯酸（EPA）與二十二碳六烯酸（DHA）。沒錯！就是魚油中常見的成分，對健康有很大的益處。

跟大家分享一個亞麻仁油名稱的小知識，有些地區（例如歐洲）的「Flaxseeds」指用來製作麻布的亞麻種子，用來榨油的亞麻種子則稱為「Linseed」。但有趣的是，在其他的區域（例如美洲、加拿大與亞洲）說法卻剛好相反。這也是為什麼超市裡有些亞麻仁油瓶上寫 Flaxseed oil，有些寫 Linseed oil 的原因。

### 食用與保存方式

亞麻仁油不耐高溫，通常發煙點介於 80～102 度中間，適合做成沙拉醬或淋在生食、冷菜中，才能大量攝取到亞麻仁油的營養。買回家的亞麻仁油開封後最好在 3 個月內食用完畢，如果來不及的話建議放冰箱，但油脂在冰箱中容易變質，還是要盡速食用。

## 苦茶油
### Camellia oil

苦茶油又稱山茶油,是從大果油茶和小果油茶兩種油茶樹的茶籽榨取出來的油脂。目前市面上販售的苦茶油,大多是以物理性壓榨的冷壓法或熱壓法製成,產期通常在 9～10 月。

在傳統上,苦茶油一直是民間盛傳的補身聖品,據說還有顧胃、改善胃食道逆流的功效,雖然這個說法目前尚未受到科學證實,但苦茶油的確有很高的營養價值,成分和橄欖油相似,具大量的單元不飽和脂肪酸,也可以攝取到豐富的維生素、茶多酚、芝麻素等營養成分。

苦茶油從栽種、採收到製作耗時費工,而且本土茶籽數量稀少,因此價格偏高。也因為風味特殊濃郁,不是會天天使用的油品,目前在家庭裡的普及率較低,但絕對是值得推薦給大家的優良油脂。

▲ 油茶樹的種子。

### 食用與保存方式

苦茶油的平均發煙點大於 200 度,不管是高溫煎炒或油炸都沒有問題。台灣在地的吃法通常是搭配麵食與雞肉、白肉類,但我也推薦大家以「濃郁油脂搭配濃郁食材」的方向操作,例如:牛番茄切碎加點海鹽、淋上一點苦茶油、加點巴薩米克醋……保證顛覆你對苦茶油的印象!保存方式與橄欖油相同,放在不透光的櫃子裡面即可,開封後也請盡早食用,以免氧化失去香氣。

▲ 採訪台灣苦茶油農夫時做的料理。

—— COLUMN ——

## 茶籽油
### Tea seed oil

這裡要跟大家澄清一個觀念,苦茶油不等於茶籽油。茶籽油是來自茶樹的種子,苦茶油則是油茶樹的種子。

台灣喝茶的歷史有多久,茶籽油的歷史就有多久。以手工採收茶樹的種子後,利用陽光曝曬脫殼,先炒熱後烘焙,等到茶葉種子受熱均勻再用機器壓榨出油脂。我很喜歡台灣在地製作的「烏龍茶籽油」,顏色較深、偏紅橘色,油中帶有茶葉的清新香氣。

茶籽油是食用油中不飽和脂肪酸含量最多的油脂,更含有天然的茶多酚、茶葉綠素、山茶甘素、維生素 E,更因為不含反式脂肪酸,食用後不會給身體帶來負擔,好代謝,更能幫助我們的身體抗氧化。

### 食用與保存方式

茶籽油的油質穩定、發煙點高達 220 度、含有 93% 左右的不飽和脂肪酸,比橄欖油還要多,非常適合用來燉煮食物、拌麵線、炒茶油雞、茶油飯、炒菜、煎蛋。或者可以參考我在書中食譜的運用,做出台灣專屬的地中海料理。一樣放在不透光的櫃子裡面保存即可,開封後也請盡早食用。記得,好的油都不要放太久喔!

## 椰子油
### Coconut oil

從椰子果肉中搾取出來的椰子油,是熱帶區域主要的植物油來源,也是這幾年隨著防彈咖啡、生酮飲食的崛起而備受關注的人氣油品。

椰子油雖然含有高比例的飽和脂肪酸,但其中的「月桂酸」屬於不易轉化為脂肪的「中鏈脂肪酸」,也就是時下流行的「MCT 油」,有助促進新陳代謝,達到減肥功效。而且因為不需由脂蛋白運送,油脂不會堆積在血管壁上,可以降低罹患心血管疾病、阿茲海默症、失智症的機率。

椰子油的評價兩極,有人大力推崇中鏈脂肪酸的功效,也有人認為椰子油依然含有很多長鏈脂肪酸,多吃有害健康。但就我研究油品的觀點來看,其實各種天然的好油都具有其獨特的營養性,不要過於專注在某一種油脂上,而是應該正常均衡地攝取,才能夠對人體帶來最大的助益。

### 食用與保存方式

椰子油香味特殊,最適合做南洋風味的熱帶菜色或是搭配水果使用。而在保存上也是放在不透光櫃子裡最好,但椰子油飽和脂肪酸的比例較高,如果室溫低於 23 ～ 25 度就會慢慢凝固成雪白色的固體狀,但別擔心,這是椰子油的特性之一,只要連瓶子一起泡在溫水(約 40 度)中直到恢復液態,就可以安心使用了。

# 巧克力
## Chocolate

看到這裡可能有人會感到疑惑，巧克力是油脂嗎？不用懷疑，這裡指的是可可脂含量 100% ～ 85%、只添加低 GI 醣類的「原豆原脂優質巧克力」。

可可脂是可可豆中的天然脂肪，主要由飽和脂肪酸、單元不飽和脂肪酸，以及其他少量的多元不飽和脂肪酸所組成。書中前面有提到，單元不飽和脂肪酸有降低血膽固醇的作用，而飽和脂肪酸則恰好相反，會提升血膽固醇的含量。由於飽和脂肪酸約佔可可脂組成的一半，因此過去普遍認定巧克力對心臟無益。

然而，這幾年有關可可脂的新研究卻發現，可可脂中所含的飽和脂肪酸大多屬於中鏈長度的硬脂酸（Stearic Acid），多項研究表明，硬脂酸對血膽固醇具有中性作用，它既不升高又不降低血膽固醇的水平。綜合現有的科學數據來看，巧克力的脂肪組成，對血膽固醇的含量沒有顯著的負面影響。

如果想有效降低體內膽固醇濃度，則是透過可可脂中隸屬單元不飽和脂肪酸的油酸，油酸不易氧化，可預防自由基造成的動脈硬化、高血壓、心臟病等生活習慣病。原豆原脂優質巧克力中並富含了多酚類，例如：色胺酸、兒茶素、花青素、黃烷醇，與礦物質鐵、鎂、鋅等等。是一種好油脂的新選擇。

## 食用與保存方式

經過長時間研磨製作出來的原豆原脂巧克力，不屬於油脂的狀態，請冷藏保存於冰箱。因為高純度的巧克力味道濃郁、苦味調性明顯，建議搭配含有健康醣類的咖啡或茶飲、餅乾一同食用，心情也愉悅。

▲ 製作巧克力的可可果實與可可豆。

# 開始料理前的
# 食材 & 調味料介紹

　　接下來要介紹幾種地中海料理常用的食材和調味方式，這幾年隨著大家的飲食習慣變得更多元，現在這些材料在超市或大賣場中通常有賣，有時候逛著逛著就會有很多新發現，而且價格也很漂亮。

## 〖 種子・穀物雜糧 〗

### 紅扁豆 lentils

又稱咖啡扁豆，營養相當豐富，在豆類蛋白質含量中排行第三名，更含有各種維生素，在歐美料理中很常見。扁豆不能生食必須煮熟，最常用於做生菜沙拉的配色材料，也可打碎之後做成湯品。

### 燕麥 common oat

人類的主食之一，是我們最常見也最容易買到的一種穀物，常被做成燕麥片販售。營養價值高，定期食用可以降低血液中的膽固醇，是當成代餐的好朋友。

### 大麥仁 barley

大麥仁就是我們去雜糧行常看到的小薏仁。為全麥穀物顆粒，富含膳食纖維、蛋白質及少量礦物質。具有耐燉煮的特性，可代替米飯當成主食來使用。

### 蕎麥 buckwheat

三角形的蕎麥植物類種子，最常見的吃法，就是用去掉外層硬殼後磨成的粉製成麵食。含有膳食纖維、維生素 $B_1$、維生素 $B_2$、鉀、鈣、磷等營養成分，可以預防心血管疾病。吃了有飽足感，是一種代替澱粉的好選擇。但蕎麥也是過敏原之一，要注意自身是否有過敏反應。

### 藜麥（紅/黑/白）quinoa

藜麥不屬於穀物類，而是植物的種子，必須煮熟才能食用，吃了有飽足感。依照品種與產地的不同，簡單以顏色區分成三種，皆含有大量蛋白質、膳食纖維與胺基酸，被視為高營養價值的超級食物。原產地為安地斯山脈，易栽種、易生長，在海拔4000 公尺的高山上也能長得非常強健。

### 莧籽 amaranth

莧籽就是莧菜種子，不含麩質、高蛋白，是維生素與礦物質的優良來源。與藜麥、蕎麥一樣是可以代替澱粉，讓人有飽足感的主食選擇。根據醫學研究顯示，長期食用有益於降低血壓與血脂。

紅扁豆

蕎麥

燕麥

大麥仁

藜麥

莧籽

北非小米

## 北非小米 couscous

小麥農作物的一種，也有人音譯為「庫斯庫斯」，是取麥粒磨碎後與水搓揉製成。原產於北非，為摩洛哥等國家的主食，後來流傳於地中海國家，是地中海料理中常用的食材。

## 奇亞籽 chia seed

歐美的減肥聖品，其中的油脂屬於不飽和脂肪酸的「次亞麻油酸（Omega-3）」，而且每 100 公克奇亞籽就含有 37.5 克膳食纖維。泡水後產生的黏稠膠狀物屬於水溶性纖維，但本身為非水溶性纖維，在水中不易溶解，幾乎可以完整通過消化道，不但能增加飽足感還可以調節腸道功能，泡於湯品或飲料中就能食用。

COLUMN
# 預煮的
# 方法

## 〖 水煮藜麥 〗

**材料：**（4 人份）
黑色、紅色或白色藜麥 … 200g
飲用水 … 1500g

**保存：**
放涼後放保鮮盒，冷藏可保存三天。

**作法：**

藜麥煮熟後，中心
的白芽會跑出來。

1. 將藜麥放細篩網上用水沖
   洗乾淨後，取一個小鍋，
   放入藜麥與飲用水。

2. 將鍋子放在瓦斯爐上，開
   大火等待沸騰後轉小火續
   煮，黑色藜麥煮 10 分鐘、紅色藜麥煮 7 分鐘、
   白色藜麥煮 5 分鐘。煮到藜麥中間的 Q 芽蹦
   出來後，瀝乾即可享用。

## 〖 水煮蕎麥 〗

**材料：**（4 人份）
蕎麥 … 200g
飲用水 … 1500g

**保存：**
放涼後放保鮮盒，冷藏可保存三天。

**作法：**

1. 將蕎麥放細篩網上用水沖洗乾淨後，取一個
   小鍋，放入蕎麥與飲用水。

2. 將鍋子放在瓦斯爐上，開大火等待沸騰後轉
   小火大約煮 20 分鐘。煮到蕎麥變半透明軟化
   後，瀝乾即可享用。

**TIP：**
各色藜麥的烹煮時間不同，混一起煮容易有部分煮不熟的情況，因此建議分開
烹調。此外，藜麥外殼含皂素，略帶苦味，建議不要跟飯一起煮。

## 〖 水煮莧籽 〗

**材料：**（4 人份）
莧籽 … 200g
飲用水 … 1500g

- - - - - - - - - - - - - - - - - - - - -

**保存：**
放涼後放保鮮盒，冷藏可保存三天。

- - - - - - - - - - - - - - - - - - - - -

**作法：**

1. 將莧籽放細篩網上用水沖洗乾淨後，取一個
   小鍋，放入莧籽與飲用水。

2. 將鍋子放在瓦斯爐上，開大火等待沸騰後轉
   小火大約煮 20 分鐘。煮到莧籽膨脹軟化後，
   瀝乾即可享用。

## 〖 熱泡北非小米 〗

**材料：**（6 人份）
北非小米 … 200g
熱水或雞高湯 … 500g

- - - - - - - - - - - - - - - - - - - - -

**保存：**
放涼後放保鮮盒，冷藏可保存三天。

- - - - - - - - - - - - - - - - - - - - -

**作法：**

1. 取一個大碗放入北非小米，再倒入沸騰的水
   或雞高湯，拿一個盤子蓋住碗，靜置約 5 分
   鐘，待北非小米吸飽水分就完成了。

- - - - - - - - - - - - - - - - - - - - -

**TIP：**
水或雞高湯的分量基本上只要能蓋過北非小米
就可以，但一定要是熱的才能將北非小米泡熟。
煮好後，可以依個人喜好加入其他的材料一起
拌勻享用。

# 〖 豆類・堅果・果乾 〗

### 花生 peanut

花生是莢果的豆類植物，但受到英文名稱影響，常被認為是堅果類。花生含有豐富的不飽和脂肪酸、8 種人體必需胺基酸、蛋白質等等營養成分，食用的部分為果仁，並被廣泛地製成各種型態的產品。

### 葡萄乾 raisin

將葡萄以日曬、風乾或是人工方式乾燥製成的食品，依顏色可分為紅葡萄乾、綠葡萄乾、白葡萄乾和黑葡萄乾。味道香甜可口，常被當成零食直接食用，或添加在糕點或餅乾之中，烹調菜餚時也會使用葡萄乾做為調味。

### 核桃 walnut

核桃屬於堅果，但在植物學上其實是植物核果中的種子，裡頭富含優良蛋白質以及必需脂肪酸，其中大部分為亞麻油酸、次亞麻油酸等不飽和脂肪酸，能夠為大腦提供營養素，並降低血脂及膽固醇。

### 腰果 cashew nut

腰果的名稱，來自和腎臟（腰子）相似的外型，又名樹花生，和榛果、核桃、杏仁合稱為「世界四大堅果」。腰果單吃或入菜都很美味，而且健康價值很高，有助於強化心血管功能、養顏美容、促進新陳代謝等等。

### 綜合堅果 nuts

想要口味更豐富的人，市面上常見的綜合堅果也是一個好選擇。混合了杏仁、胡桃、腰果、榛果和核桃等堅果的休閒食品，除了可以直接食用，用在料理或糕點中也很好吃。

### 開心果 pistachios

原產於亞洲西部，為漆樹科植物所生帶殼果的種子，成熟之後外殼會自動裂開。口感與香氣獨特，通常用於甜點裝飾或特定菜色中。

花生

葡萄乾

核桃

綜合堅果
(腰果 / 杏仁 / 榛果等)

開心果

瑞可塔起司

帕馬森起司

無鹽奶油

優格

費塔起司

濃縮牛奶

瑪茲瑞拉起司

# 〖 乳製品 〗

### 帕馬森起司
### parmareggio cheese

硬質起司中最富盛名的一種，熟成期需要一年以上，有的甚至長達三、四年。硬質起司的水分含量低，只佔 32～38%，質地乾硬、易碎。帕馬森的風味濃郁，適用於各式地中海料理，經常磨成粉狀或者是細絲狀使用。

### 瑞可塔起司 ricotta cheese

瑞可塔在義大利文是「再煮一次」的意思，做法是將製作乳酪時剩餘的乳清再加熱。其口感綿密，還有細微的顆粒感，含有人體所需胺基酸，且蛋白質更容易被吸收，適合搭配料理或甜點烘焙用。但保存期限較短，請盡早食用。

### 瑪茲瑞拉起司
### mozzarella cheese

一般採用乳牛的牛乳所製成，屬於半硬質起司，經常被切割成細條狀使用。大量被拿來製作披薩、油炸起司條，以及和番茄一起做成卡布里沙拉。

### 費塔起司 feta cheese

原產於希臘，傳統以綿羊奶水製作，現在多改用牛奶製作。費塔起司呈白色方塊狀，上面有小洞及裂縫，容易碎裂。它的味道強烈，常泡於鹽水與香料油中，是搭配沙拉與橄欖油的好食材。

### 無鹽奶油 unsalted butter

台灣市面上的奶油，通常都是牛油塊，分成有鹽以及無鹽兩種。烹調歐式料理時建議採用沒有添加鹽分的奶油，才不會影響調味，造成菜餚口味過鹹。

### 濃縮牛奶 condensed milk

將新鮮生乳，分離出 60% 水分後加入乳化安定劑（維生素 A 與 $D_3$），再進行巴氏殺菌、低溫加熱處理後封裝成罐。營養完整度較高、口味較清爽，而且可以保存得更久，是很多歐美國家用來延長優質牛奶賞味期限的方式。

### 優格 yogurt

本書中使用的是「原味無糖優格」和「希臘優格」。優格是在牛奶中添加乳酸菌或酵母發酵而成。營養成分和牛奶相同，但蛋白質和脂肪經過乳酸菌分解後更容易消化吸收，鈣質的吸收力也比牛奶好。
希臘優格則是將優格過濾掉水分和乳清等液體後、質地接近固態的產物。製作 1 公升的希臘優格，大約需要 4 公升的牛奶，因此營養價值更高。

### 動物性鮮奶油
### heavy whipping cream

所謂鮮奶油，是指從牛奶中分離出脂肪成分的乳製品。若是要做發泡鮮奶油及料理用，請選用動物性脂肪含量 30% 以上的鮮奶油，品質較穩定。

# 〖 新鮮香草 〗

### 巴西里 parsley

又稱為洋香菜，分成平葉、捲葉兩大類，其品種不同，葉片形狀與芳香味都不同，平葉的味道較溫和，捲葉較濃郁。切碎後撒於湯品或料理中可增添風味，為歐式料理不可或缺的提香香料，相當於東方人的蔥。在本書食譜中，兩品種可相互替代，選用易取得的即可。

### 薄荷葉 mint leaf

又稱為綠薄荷，適合大量栽種，略帶甘甜的清涼風味為其特徵，很適合用於沙拉醬汁或搭配羊肉食用。

### 百里香 thyme

百里香也是常見的香草種類，香氣溫和，帶有些許苦味。非常適合搭配魚貝類料理，消除海鮮腥味的效果絕佳。也可將整枝的百里香浸泡於橄欖油中，當成香味橄欖油使用。

### 迷迭香 rosemary

葉片細小狹長，形狀如松針，味道清新，伴有強烈的刺激風味。在歐美國家常用來與紅肉類一起烹調，但其實和雞肉等白肉也很搭，可以隨意添加於個人喜愛的肉類料理中。

### 羅勒 basil

常用於烹調的香草植物。時常出現在台灣料理中的九層塔也是屬於羅勒的一種，但和用來製作青醬「甜羅勒」是不同品種。甜羅勒的口感比較不青澀，氣味也較溫和。

平葉巴西里

薄荷葉

百里香

迷迭香

捲葉巴西里

羅勒

義大利綜合香料

小茴香籽

匈牙利紅椒粉

肉桂粉

胡椒粒

咖哩粉

孜然粉

八角

月桂葉

番紅花

# 〖 乾燥香料 〗

## 義大利綜合香料 italian seasoning

由多種乾燥香料磨碎組成，可廣泛應用於歐式料理中。每個廚師都有自己的義大利綜合香料配方，我的配方中包含月桂葉、百里香、迷迭香、奧勒岡葉、豆蔻粉、丁香、匈牙利紅椒粉、白胡椒、芫荽籽。除了調配自己的配方外，當然也可以直接購買市售品。

## 小茴香籽 fennel seeds

香味濃郁，常常用來調製綜合香料。咖哩粉的特殊香味就是來自小茴香，也是煮湯或燉菜時的必備香料。

## 胡椒粒 peppercorn

各種顏色的胡椒其實就是胡椒的一生。還沒成熟是綠胡椒，成熟了變紅胡椒、曬乾後是黑胡椒，再去皮就變白胡椒。各自的香氣、味道都不同，可搭配沙拉或為菜餚增色，混合後更具層次。

## 八角 star anise

又稱八角茴香、大茴香。有濃厚的清香氣味，在中菜中常見於燉滷料理，也是著名的五香粉（花椒、肉桂、丁香、小茴香籽、八角）其中之一。

## 月桂葉 bay leaf

歐式料理中熬煮醬汁與湯品不可或缺的增香食材，可去除魚肉類腥味，同時襯托出食材本身的美味。如果選用新鮮月桂葉，建議熬出香味後就要取出，以免熬煮過久產生苦味。

## 番紅花 saffron

原產於希臘，取花蕊乾燥而成，是全世界最貴的香料之一。芳香辛辣中帶點苦味，可以將食材染成亮黃色，為湯品、米飯、蛋糕及麵包上色加味，是西班牙海鮮飯及米蘭燉飯的重要食材。

## 匈牙利紅椒粉 paprika

也可稱為匈牙利甜椒粉，是一種風味溫和、沒有辣味的紅椒粉。通常用來做匈牙利料理，如匈牙利燉牛肉，更是歐式料理中重要的增色調味料。

## 咖哩粉 curry powder

來自印度的咖哩是各式各樣的香料組合，沒有固定的配方，每個人調製的口味都不一樣，但通常會包括薑黃、芫荽、小茴香、肉桂、新鮮或乾的辣椒等。

## 肉桂 cinnamon

取用樟樹科的樹皮乾燥而成，有一種甘甜又帶點辛辣的清涼感及獨特的芳香。和東方料理中常出現的桂皮味道相似，通常用於燉煮料理及甜點。市面上常見的型態為肉桂棒與肉桂粉。

## 孜然粉 cumin powder

孜然芹的種子，產地大多在中東至南亞一帶，風味獨特、氣味濃郁，是製作咖哩的主原料之一，也時常被廣泛運用在料理中，尤其是味道強烈的羊肉料理，可以達到很好的去腥效果。

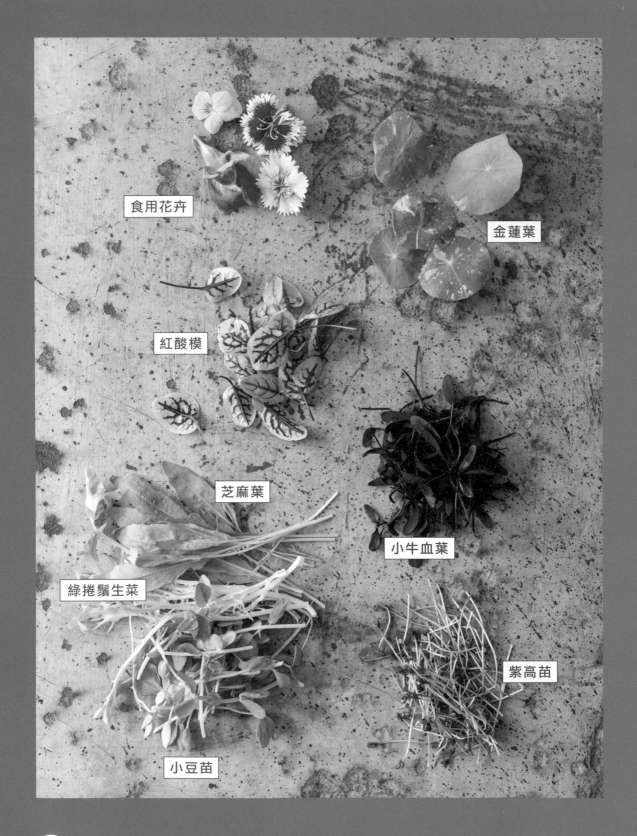

食用花卉

金蓮葉

紅酸模

芝麻葉

小牛血葉

綠捲鬚生菜

紫高苗

小豆苗

# 裝飾菜
## vegetable for garnish

使用裝飾菜擺盤不但有配色的效果，
也能藉此吃到更多不同的新鮮食材、攝取更多營養。
我將常見的裝飾菜分為三大種，分別是：

### 小葉芽菜蔬菜類

最常用也最常出現在各大餐廳擺盤當中的就是紅酸模、小牛血葉、山蘿蔔葉、紫高苗。台灣在使用溫室種植這一些有機小葉芽菜蔬菜類的技術越來越進步，所以價格也越來越親民。

### 食用花卉類

近年來食用花卉越來越普遍，在進口超市中也有販售。使用花卉擺盤最大的特色，就是可以加強色彩調性的差異來與食材呼應，花卉的香氛也可以增加嗅覺上的一個小樂趣。

### 小型根莖類

例如：櫻桃蘿蔔、迷你甜菜根、迷你紅蘿蔔……。這些小型根莖類吃起來的風味跟一般常見的大型蘿蔔或甜菜根截然不同，咀嚼後的甜度也較高，擺盤時大多切成薄片來呈現。

迷你紅蘿蔔

迷你甜菜根

櫻桃蘿蔔

# 〖 罐頭・調味料 〗

### 鹽之花 flower of salt

是一種鹽，海水蒸發時會在表面形成薄而細膩的殼。譯自法文 Fleur de sel 或 flor de sal，命名的緣由，來自鹽殼中的花朵狀晶體圖案。

### 醃漬鯷魚 anchovy

鯷魚為溫帶海域中的一種小型魚類，通常於去骨後以鹽醃製並浸泡於橄欖油中作成罐頭。風味獨特，大量使用於歐式料理中。

### 黑橄欖 pickled black olives

為橄欖果實成熟後去籽，浸泡於鹽水中所製成。風味濃郁，適合入菜與製作披薩。

### 醃漬酸豆 capers

學名為續隨子，是將白花菜科的多刺灌木上開花的花蕾拿來醃製而成。可搭配義大利麵或做為醬汁使用。西西里島名菜中就有一道炸酸豆料理。

### 松露鹽 truffle salt

將磨成粉末狀的松露和鹽巴混合在一起後，就是香氣撲鼻的松露鹽，常用來幫義大利麵、牛排、西式炒蛋等料理調味，讓食材的香氣更有層次。

### 松露蘑菇醬 truffle mushrooms paste

取用夏季或冬季松露，加入大量菇菌熬煮製作成的醬汁。可用於湯品、義大利麵燉飯或醬汁中，香氣濃郁。

### 番茄糊 tomato paste

番茄糊是以煮熟的番茄為主要材料，質地非常濃稠，也有人稱為「番茄膏」，與番茄泥（Tomato Puree）或番茄醬汁（Tomato Sauce）、番茄醬（Ketchup）不同。

### 整粒番茄罐頭 whole peeled tomatoes

通常選用長型的羅馬番茄去皮整顆製作。肉質厚實適合燉煮，常用於義大利肉醬與各類燉菜中。建議選用義大利品牌為佳。

### 番茄碎罐頭 diced tomatoes

通常選用圓形番茄去皮切丁製作。酸香氣佳，適合直接拌炒義大利麵、燉飯。建議選用義大利品牌為佳。

### 芥末籽醬 mustard seed sauce

將芥末類蔬菜的種子研磨後加入醋、酒、鹽調配而成的調味料。有許多不同的種類，包括：白、黃、褐（或稱印度芥末）、黑等，都可以製成芥末籽醬。

鹽之花

醃漬鯷魚

黑橄欖

醃漬酸豆

松露鹽

松露蘑菇醬

整粒番茄罐頭

番茄糊

芥末籽醬

# 〖 基礎雞高湯 〗

　　不論料理還是湯品，雞高湯都是讓滋味更豐富的神隊友。購買市售品是一種方式，但其實自己做雞高湯也很簡單，一次煮大鍋分裝冷凍備用，非常方便。

**材料：**（**10 人份**）

雞骨架或雞腿骨 … 1kg　　　紅蘿蔔 … 150g（約 1 條）

洋蔥 … 300g（約 1 顆）　　飲用水 … 5000g

西洋芹 … 150g（約 1 支）

**作法：**

1. 將買回的雞骨架（或雞腿骨）用滾水汆燙去除血水，再用冷水洗淨後，放入一個深湯鍋中。

2. 洋蔥、西洋芹、紅蘿蔔洗淨後，不去皮也不用切，一同放入深湯鍋中，再倒入飲用水。

3. 開火煮至水大滾後，轉小火熬煮 2 小時，過濾即為雞高湯。

**TIP：**

蔬菜不去除外皮，是為了保留更多甜分，也不需要分切，甜味會慢慢釋放於湯中。
高湯放冷後，可利用製冰盒分裝成小份（每份約 100cc），放入冷凍庫備用。冷凍可保存 1 個月，每次只要取出需要的用量即可。

# 〖 其他酒・醋類調味 〗

除了基本的調味料之外,地中海料理也常常運用各種酒和醋來
提味,營造豐富多層次的風味。以下介紹幾款比較常用的品項,
除了這些之外,現在市面上也有販售許多不同口味的調味品,
大家可以嘗試看看!

### 白葡萄酒 white wine

料理用的白葡萄酒,建議選
用阿根廷、澳洲、智利、紐
西蘭、南非和美國等新世界
產區的葡萄酒,口味較為辛
辣濃郁,但也可依個人喜好
的風味決定。

### 紅葡萄酒 red wine

風味酸澀的紅酒較適合料理
使用,也可以依個人喜好的
風味來做決定。

### 巴薩米克醋 balsamico

義大利摩典娜特產的風味醋,
主要原料為葡萄熬煮後的葡
萄汁,經過長時間的熟成,
顏色近乎黑色,而且像高級
葡萄酒一樣芳香濃郁,酸味
圓潤順口。常用於調製沙拉
醬汁或肉類料理,也可製作
成冰飲,夏日享用風味更佳。

### 白酒醋 white wine vinegar

白酒醋是利用白葡萄酒加入
醋酸後產生的果醋,最常用來
製作沙拉醬及沾醬。葡萄酒醋
有紅酒醋、白酒醋之分,另外
也有加入香草及其他材料的
加味葡萄酒醋。

### 白葡萄醋 white condiment

琥珀色的白葡萄香醋,使用白
葡萄酒醋與葡萄汁調和而成。
沒有添加任何的糖,仍有如蜂
蜜般的香氣與甜美滋味,以及
淡雅的果味和花香,非常適合
調製沙拉醬。

CHAPTER

3

# 「經典生食」的鮮美口感

生食對於東方人來說並不陌生，
但面對未經烹煮或僅以低溫加熱的蔬果、海鮮，
我們難免習慣搭配濃郁的醬料或醬汁，
不僅增加身體的負擔，也可惜了食材。
在這個篇章中，我希望帶大家的味蕾回顧食物原味，
在簡單的油脂和時間醞釀的醋類中，
重新體會生食的美好滋味。

Mediterranean

cuisine

cuisine

Mediterranean

## ｜ 生 ｜ 食 ｜ 重 ｜ 點 ｜

　　以涼拌生食的方式，可以品嚐到好油脂最純粹的美味，也能避
免油脂或食材中的營養經加熱後揮發，感受食物新鮮的原味！切記
在生食時，食材新鮮度為第一要件，餐點製作完畢請盡快享用、不
要隔餐食用。

# 完美番茄沙拉
# 佐奇亞籽油醋醬

CHERRY TOMATO SALAD WITH CHIA AND OLIVE OIL DRESSING

番茄充滿了營養素，其中的茄紅素更是高代謝、抗氧化的代表。不同
顏色的番茄各有其風味，組合在一起還能呈現繽紛感。醬汁中特別加
入了奇亞籽，一粒一粒的口感，還可以增添享用的樂趣。

料理形式
**沙　拉**

 橄欖油調性
**溫　潤**

 烹調時間
**30 分鐘**

## ﾚ 材 料 ‖ 2 人份 ‖

### 食材

小番茄 … 200g（大約 20 顆）
◎使用紅、黃、綠、虎皮等各種顏色的品種
紫洋蔥 … 50g（大約 1/4 顆）_ 切碎
酸豆 … 10g（大約 1 大匙）_ 切碎
蒜仁 … 5g（大約 1 瓣）_ 切碎
九層塔葉 … 5g _ 部分切碎

### 油醋醬汁

橄欖油 … 100cc
白葡萄醋 … 50cc
葡萄柚汁 … 50cc（大約 1/2 顆）
奇亞籽 … 1 大匙
海鹽 … 1/4 大匙
黑胡椒碎 … 1/4 大匙

## ﾚ 作 法

1 將所有的小番茄去掉蒂頭之後洗淨瀝乾，再對
　半切開。

2 把小番茄、紫洋蔥、酸豆、蒜仁放入一個大碗
　中，再將**油醋醬汁**材料放入之後拌勻，讓小番
　茄浸泡醬汁醃漬 20 分鐘入味，即可擺盤、拌
　入九層塔葉享用。

　POINT 靜置 20 分鐘可以讓奇亞籽散發風味，並讓
　　　　番茄中的茄紅素釋出。但如果泡太久出水
　　　　導致味道變淡，就要再補充生菜跟橄欖油。

> **MARCO'S TIPS**
>
> ● 在家樂福等賣場可以買到綜合包裝
> 　的彩色番茄。
>
> ● 九層塔葉若是小葉就不用切碎，直
> 　接整片擺上，裝飾更好看。

# 翠綠葡萄農夫沙拉

GRAPE SALAD WITH PARMA HAM AND OLIVE OIL DRESSING

義大利種葡萄釀酒的農夫，在夏日工作時最愛的沙拉。葡萄從裡到外都含有營養，滿滿的維生素、多酚類、花青素與天然抗氧化劑。葡萄內含的醣分可迅速轉為熱量，幫助身體消除疲勞，再搭配起司與亞麻仁油，可以讓人如農夫般活力滿滿。不過，葡萄的醣分不低，攝取時要小心別過量。

料理形式
**沙 拉**

橄欖油調性
**溫 潤**

烹調時間
**30 分鐘**

## ᒪ 材 料 ‖ 2 人份 ‖

### 食材
紫色葡萄 … 50g（大約 5 顆）
綠色葡萄 … 50g（大約 5 顆）
綠捲鬚生菜 … 30g
紅火焰生菜 … 30g
帕瑪火腿片 … 10g（大約 3 片）
費塔起司 … 50g
開心果仁 … 2 大匙 _ 敲碎

### 油醋醬汁
橄欖油 … 100cc
亞麻仁油 … 20cc
白葡萄醋 … 50cc
海鹽 … 1/4 大匙
黑胡椒碎 … 1/4 大匙

## ᒪ 作 法

1　將葡萄洗淨瀝乾後，對半切開。生菜類洗淨瀝乾後，如果覺得太大片可切成一口大小。

2　取用一個小碗，將**油醋醬汁**材料全部放入之後拌勻。

3　取一個大的攪拌盆，放入所有食材，再加入油醋醬汁攪拌均勻，即可擺盤享用。
　　POINT 亞麻仁油的苦味會略微抵銷葡萄的甜，讓整體味道更均衡。

**MARCO'S TIPS**

推薦夏季時，在油醋醬汁中加入芒果果肉 50g，味道也很搭。

# 青檸風味鮪魚沙拉

PAN FRIED TUNA SALAD WITH GREEN LEMON OLIVE OIL DRESSING

 料理形式
**沙　拉**

 橄欖油調性
**淡　雅**

 烹調時間
**40 分鐘**

這是一道鮪魚生魚片與橄欖油的另類結合。
裹上黑胡椒與芝麻、再油煎至半生的鮪魚肉，能在味覺上帶來些許刺激享受。
鮪魚的不飽和脂肪酸內富含 EPA 和 DHA，具有增加良性膽固醇和減少中性脂肪的作用，
也能促進身體新陳代謝，是瘦身減重或健身時期的優質蛋白質來源。

## ⩗ 材 料 ‖ 4 人份 ‖

### 食材

黃鰭鮪魚肉 ⋯ 200g
◎選擇可供生食的新鮮鮪魚
紅火焰生菜 ⋯ 50g
綠火焰生菜 ⋯ 50g
芝麻葉生菜 ⋯ 50g
綠捲鬚生菜 ⋯ 50g
綜合堅果 ⋯ 30g _ 敲碎

### 調味料

海鹽 ⋯ 1/4 大匙
黑胡椒碎 ⋯ 1 大匙
白芝麻 ⋯ 1 大匙

### 油醋醬汁

橄欖油 ⋯ 100cc
青檸檬汁 ⋯ 100cc
海鹽 ⋯ 1/4 大匙
黑胡椒碎 ⋯ 1/4 大匙

## ⩗ 作 法

1 將黃鰭鮪魚肉清洗過後擦乾，切成長條正方狀。

2 準備一個平盤放入**調味料**混合之後，將鮪魚肉均勻抹上一點橄欖油（材料分量外），再沾裹調味料。

   POINT 抹橄欖油可以讓鮪魚肉更滑潤，調味料也更容易沾附上去。

3 取一個平底鍋加入些許的橄欖油（材料分量外）加熱，確認到達工作溫度後，放入鮪魚肉輪流煎四個面，表面稍微煎到上色即可取出。靜置 15 分鐘冷卻後，切成厚度約 0.8 公分的片狀。A

4 將所有生菜洗淨後瀝乾，如果覺得太大片就切成一口大小。

5 取一個小碗，將**油醋醬汁**材料全部放入拌勻。

6 將生菜與切片的鮪魚肉全數放進一個大的攪拌盆中，再將油醋醬汁加入之後拌勻，即可擺盤、撒上綜合堅果碎享用。

### MARCO'S TIPS

黃鰭鮪魚其實就是我們常吃的鮪魚生魚片，在很多賣海鮮的店都有賣，除此之外，也可以到壽司店直接買整塊處理好的生鮪魚，相當方便。

A 鮪魚肉要輪流翻面，讓四面均勻煎上色，從側面來看，中間的魚肉仍保有鮮紅，煎到這熟度就可以了。

# 酪梨鮭魚蛋黃塔佐亞麻油醋

## AVOCADO AND SALMON SALAD
## WITH FLAX OIL AND VINEGAR DRESSING

酪梨是優質的脂肪，而且高纖低醣又可增
加飽足感，搭配蛋黃的滑順口感，真的是
絕配。另外又結合鮭魚、亞麻仁油入菜，
可以攝取到充足的 Omega-3，讓腦部維持
高清晰運作的動力。

 料理形式
**開胃菜**

 橄欖油調性
**溫　潤**

 烹調時間
**30 分鐘**

## 材 料 ‖ 2 人份 ‖

### 食材
酪梨果肉 … 100g（大約 1 顆）
鮭魚肉 … 100g _ 切小丁
◎選擇可供生食的新鮮鮭魚
水煮蛋 … 2 顆 _ 切碎
黃檸檬汁 … 1/2 大匙

### 調味料
橄欖油 … 1 大匙
海鹽 … 1/2 大匙

### 油醋醬汁
西洋芹 … 120-150g（大約 1.5 支）_ 切碎
亞麻仁油 … 50cc
白葡萄醋 … 50cc
二號砂糖 … 1 大匙
鹽 … 1/4 大匙
白胡椒粉 … 1/4 大匙

### 裝飾菜
紅酸模葉 … 2g

## ⊔ 作 法

1 取三個大碗，分別放入酪梨果肉（用湯匙搗碎）、切丁的鮭魚肉、切碎的水煮蛋。接著取**調味料**均分成三等分後，加入三個碗裡面拌勻備用。

2 另取一個小碗，將**油醋醬汁**材料全部放進去之後，攪拌均勻至有點稠稠的狀態。

3 準備一個直徑大約 5 公分的不銹鋼慕斯圈放在盤子裡，由下往上依序放入調味好的酪梨果肉、鮭魚丁、水煮蛋碎，每一層都要用湯匙壓一壓。A、B、C

   POINT 三種食材都要緊實地壓入慕斯圈中，移開之後才不會歪斜倒塌。

4 接著一邊用湯匙壓住上方，一邊將慕斯圈小心地拿開。D

5 在旁邊淋上油醋醬汁、黃檸檬汁，放上紅酸模葉即可享用。

---

### MARCO'S TIPS

- 酪梨入菜時，建議選用外型渾圓、味道濃郁的進口酪梨，台灣產的口味比較清淡。

- 西洋芹可以增加爽口感與甘甜味，也能讓醬汁變得有稠度。

---

A 在慕斯圈裡先填入第一層的酪梨果肉後，用湯匙整理表面並壓實。

B 第二層放入鮭魚肉，同樣地用湯匙往下壓一壓。

C 第三層放入水煮蛋，再次用湯匙下壓。

D 用湯匙稍微壓住頂端，將慕斯圈垂直向上移開。

# 三味生蠔

OYSTER WITH THREE FLAVOR OLIVE OIL

生蠔富含活力元素，維生素、鈣、磷、鋅、牛磺酸……，因為蛋白質含量高又有「海底牛奶」之美名。這道菜的重點是以橄欖油帶出生蠔鮮味，不搭配濃厚醬汁，更能體會三種風味的細細香氛。

料理形式
**開胃菜**

橄欖油調性
**溫　潤**

烹調時間
**20 分鐘**

## 材料 ‖ 3 人份 ‖

**食材**

生蠔 … 6 顆
◎選擇可供生食的新鮮生蠔
紅蔥頭 … 30g _ 切碎
生辣椒 … 15g _ 切碎
黃檸檬皮 … 20g _ 刨絲
黃檸檬汁 … 30g
橄欖油 … 150cc
檸檬汁或檸檬片 … 少許

**調味料**

海鹽 … 1/4 大匙
黑胡椒碎 … 1/4 大匙

## 作法

1　先取三個耐熱材質的小碗，分別放入紅蔥頭、生辣椒、黃檸檬皮與黃檸檬汁。

2　取用一個小的平底鍋，倒入橄欖油開小火加熱到約 160 度後，把熱油分別倒入三個放了材料的小碗中，每個碗倒入約 3 大匙，個別攪拌均勻，並將**調味料**均分成三等分後加入。靜置一會兒，等待油溫降到室溫之後即可使用。A

3　將生蠔表面刷洗乾淨之後，準備一條乾抹布放於手掌上，再將生蠔放在抹布中間，小心用生蠔刀從生蠔的尾部撬開。

4　將生蠔全部敲開之後擺盤，個別淋上三種風味的淋醬，最後擠上一點檸檬汁即可享用。

A　將熱油沖入三種辛香料中，提升香氣。由於此時橄欖油是溫熱狀態，須小心操作。

# 雙子生食干貝
# 佐蜂蜜薑汁油醋

SCALLOP WITH HONEY AND GINGER VINEGAR
IN OLIVE OIL DRESSING

料理形式
**開胃菜**

橄欖油調性
**淡　雅**

烹調時間
**30 分鐘**

生食干貝越簡單越能品味本身的鮮甜，以淡雅風味的橄欖油賦予干貝香氣，入口小清新一番。高蛋白低脂肪的干貝具有豐富的胺基酸、DHA、EPA 以及礦物質，是符合現代人營養需求的好食材。

## 材料 ‖ 2 人份 ‖

**食材**
干貝 … 4 顆（大約 150g）
◎選擇可供生食的新鮮干貝
山蘿蔔葉 … 5g ＿ 切碎

**裝飾菜**
紫色食用花瓣 … 3g

**油醋醬汁**
橄欖油 … 50cc
◎適合具堅果香氣的橄欖油
白葡萄醋 … 50cc
嫩薑 … 1/4 大匙 ＿ 切末
蜂蜜 … 1/2 大匙
海鹽 … 1/4 大匙
黑胡椒碎 … 1/4 大匙

## 作法

1　取用一個小碗，將**油醋醬汁**材料全部放入之後拌勻備用。

2　先將干貝浸泡飲用水，等待退冰之後擦乾。將其中兩顆干貝切成小丁狀，放入一個碗中，再加入山蘿蔔葉跟紫色食用花瓣，以及一半的油醋醬汁拌勻。

3　另外兩顆干貝切成圓形薄片（一顆大約切 3-4 刀）後，以瓦斯噴槍稍微將兩面炙燒至干貝的邊緣產生微微的焦炭色。
　　**POINT** 燒過後會帶有香氣，如果家裡沒有瓦斯噴槍，用鍋子稍微乾煎過也可以。

4　取用一個長方盤，在一側將炙燒好的干貝片錯落堆疊，淋上剩下的油醋醬汁，另外一側放上已經拌好油醋醬汁的切丁干貝。最後可以再放上山蘿蔔葉或食用花瓣（材料分量外）裝飾，並淋上些許橄欖油（材料分量外）。

# 古典韃靼生牛肉

BEEF TARTAR

 料理形式
**開胃菜**

 橄欖油調性
**溫　潤**

 烹調時間
**30 分鐘**

韃靼生牛肉是法國著名的生食料理。經典作法是牛肉
以刀切方式剁成泥狀,除了混合橄欖油,我將台灣在
地三星蔥加以結合,做出獨具一格的風味。在口中散
發出的香氣,值得大家一起細細回味。

## 材料 ‖ 2 人份 ‖

**食材**

牛菲力肉 … 150g
◎選擇可供生食的牛肉

三星蔥 … 10g(大約 1/2 支)_ 切碎

蒜仁 … 5g(大約 1 瓣)_ 切碎

水煮鵪鶉蛋 … 1 顆 _ 切半

綠捲鬚生菜 … 5g

**調味料**

橄欖油 … 1 大匙
◎適合具番茄香氣的橄欖油

巴薩米克醋 … 1 大匙

海鹽 … 1/4 大匙

紅胡椒粒 … 1/4 大匙

綠胡椒粒 … 1/4 大匙

---

### MARCO'S TIPS

牛肉請選擇具有食安法肉品檢驗
合格標章的肉品,請儘量於大賣
場購買,並挑選沒有破損的冷藏
真空包裝,並以瘦肉多的牛菲力
為主。

## ⊔ 作 法

1 先將牛菲力肉剔除筋膜之後，耐心用刀切至末狀。A

2 取一個大碗，放入牛肉末、蔥碎、蒜碎與**調味料**，攪拌均勻之後靜置 5 分鐘入味。B

3 取一個直徑大約 9 公分的不銹鋼慕斯圈，將拌勻的牛肉末放入並壓緊。C

4 一邊用湯匙壓住頂部，一邊小心地將慕斯圈移開。D

5 放上水煮鵪鶉蛋、綠捲鬚生菜，再淋上些許橄欖油（材料分量外）即完成。

A 先用刀子仔細將牛肉上白白的筋膜去除乾淨，再剁碎。如果筋膜沒去掉，口感會硬硬的。

B 用手將切碎的牛肉、蔥、蒜與調味料充分拌勻。

C 把調味好的牛肉放入慕斯圈裡，稍微壓緊實一點，成形才會好看。

D 利用湯匙輔助，將慕斯圈垂直往上移開。

# 胡椒風味
# 薄切生牛肉盤

BEEF CARPACCIO

 料理形式
**開胃菜**

 橄欖油調性
**濃　郁**

 烹調時間
**30 分鐘**

每個國家都有生食優質牛肉的習慣，或許料理形式不同，
但都離不開以動物性油脂混合植物性油脂的方式，
尤其橄欖油類更是搭配的首選。這一道義大利的經典菜，
除了挑選優質的牛肉，煎的熟度與切工也是重點。

## 材料 ‖ 2 人份 ‖

### 食材
牛菲力肉 … 150g
◎選擇可供生食的牛肉
帕馬森起司粉 … 1 大匙
芝麻葉 … 30g

### 調味料
海鹽 … 5g
黑胡椒碎 … 5g
新鮮巴西里 … 10g _ 切碎

### 油醋醬汁
橄欖油 … 2 大匙
巴薩米克醋 … 1 大匙
海鹽 … 1/4 大匙
黑胡椒碎 … 1/4 大匙
二號砂糖 … 1/4 大匙
紅蔥頭 … 5g（大約 1 顆）_ 切碎

## 作法

1　先將牛菲力肉剔除筋膜（作法參考 P82）之後，切成長條狀。

2　準備一個平盤，將**調味料**混合之後，把牛菲力肉均勻抹上一點橄欖油（材料分量外），再沾上調味料。

3　取一個平底鍋，倒入些許橄欖油（材料分量外），加熱到放入木筷前端會冒出小泡泡的工作溫度後，以中小火煎牛菲力肉，過程中要輪流翻面，把表面煎到均勻上色，即可取出靜置15 分鐘，待其冷卻並定型後，切成大約 0.3-0.5 公分的薄片狀。A、B

4　取一個小碗，將**油醋醬汁**材料全部放入後攪拌均勻。

5　準備一個平盤，鋪上牛肉薄片後，淋上油醋醬汁，再撒上帕馬森起司粉與芝麻葉即可享用。

A　煎牛肉時要翻轉每一面，把外層煎上色，而內層是鮮紅狀態，即可起鍋。

B　將牛肉切成薄片，切開時會感覺到肉質仍保持水嫩。

# 夏日椰子油 香蕉冰淇淋

COCONUT FLAVOR ICE CREAM

料理形式
**甜　點**

選用油類
**椰 子 油**

烹調時間
**40 分鐘**

這道甜點充分利用了椰子油低溫凝結的特性，做出口感綿密的香蕉冰淇淋。搭配各色各樣的夏令水果，除了能吸收豐富營養，也能嚐到好油的香氛。即使在炎熱夏日裡來一份冰涼甜品，也能吃得健康無負擔、毫無罪惡感！

## 材 料 ‖ 4 人份 ‖

**冰淇淋**
香蕉 … 300g（大約 3 條）
濃縮牛奶 … 60cc
無糖優格 … 100g
椰子油 … 50cc
冰塊 … 100g

**搭配水果或穀物**
紅火龍果 … 50g
奇異果 … 50g
莓果類 … 50g
水煮紅藜麥 … 1 大匙
　　　　→作法參考 P48

## 作 法

1　先把香蕉洗乾淨去皮之後，分切成小段，放進冷凍庫冷凍。
　　**POINT** 香蕉冷凍過後攪打會更容易凝結。

2　將冷凍香蕉、濃縮牛奶、無糖優格、椰子油以及冰塊放入食物調理機或冰沙機中，攪打均勻至滑順狀態後，裝進保鮮盒中，冷凍大約 20 分鐘以上。

3　準備一個寬口容器或玻璃杯，挖出適量的香蕉冰淇淋放進去，再搭配切小塊的水果與水煮紅藜麥即可享用。

### MARCO'S TIPS

水果與穀物類可以依喜好或季節自行替換。也可以將牛奶換成無糖豆漿或杏仁漿，做出不同風味。

# 紫艷多酚
# 紅藜麥奶昔

RED DRAGON FRUIT AND YOGURT SHAKE

料理形式
**飲　品**

橄欖油調性
**淡　雅**

烹調時間
**20 分鐘**

這道飲品是想提醒大家，優質的果汁也是生食的一種型態。多利用果汁機、配合好的油脂添加橄欖多酚，更是快速攝取含有豐富植化素的高代謝蔬果的方式。如果每天的生活讓你忙碌不堪、無力做料理，那不妨多利用這個方式實踐地中海飲食，一定能得心應手。

## ⊔ 材料 ‖ 2 人份 ‖

紅火龍果 … 150g
藍莓 … 50g
草莓 … 50g
橄欖油 … 50cc
希臘優格 … 500cc
冰塊 … 30g（大約 6 顆）
水煮紅藜麥 … 2 大匙
　　→作法參考 P48

## ⊔ 作法

1　先將紅火龍果剝皮切大塊，草莓與藍莓洗淨之後瀝乾備用。

2　除了水煮紅藜麥之外，將所有材料放入果汁機中充分攪打均勻。

3　平均倒入兩杯中，上面蓋上水煮紅藜麥，再淋一點橄欖油或亞麻仁油（材料分量外）即完成。

089

# 4.

# 「快火煎炒」
# 的黃金美學

乾煎快炒是台灣家家戶戶最熟悉的烹調方式，
很多人誤以為橄欖油不適合高溫烹調，
其實橄欖油的耐熱度遠比常見的葵花油、葡萄籽油來得高。
這裡要教大家如何使用橄欖油來提升煎炒料理的營養和風味，
好的油脂除了為食物提供潤滑作用外，
也不怕豐盛的營養物質經過快火加熱而流失。

## ｜煎｜炒｜重｜點｜

　將橄欖油在冷油的狀態下倒入冷的加熱鍋中，以中火加熱，這個時候可以先放入木筷或木鏟，等油溫加熱到木筷前端冒出小泡泡，即代表到達工作溫度（大約 160 度），此時就可以放入食材煎炒。

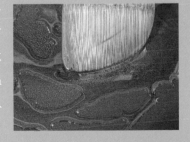

# 炒菠菜嫩蛋
# 佐快煎小番茄

SCRAMBLED EGG WITH SPINACH
AND PAN FRIED CHERRY TOMATO

這是把西式早餐炒蛋結合台式番茄炒蛋的做
法，口感滑嫩的炒蛋，搭配吸收了橄欖油的
煎小番茄，看似簡單，卻有著讓人難以抵擋
的美味。被譽為「營養寶庫」的雞蛋，加上
菠菜的鐵質、番茄的抗氧化力，為接下來一
整天工作提供大力水手般的活力，再用優質
油脂保持清晰思緒，事半功倍！

 料理形式
**開胃菜**

 橄欖油調性
**淡　雅**

 烹調時間
**20 分鐘**

## 材料 ‖ 2 人份 ‖

菠菜 … 100g
雞蛋 … 3 顆
紅色小番茄 … 50g（大約 5 顆）
黃色小番茄 … 50g（大約 5 顆）

橄欖油 … 50cc
海鹽 … 1/4 大匙
黑胡椒碎 … 1/4 大匙

## 作法

1　先將菠菜洗淨，煮一鍋熱水快速汆燙大約 30 秒，然後迅速
　　泡入冰水中 1 分鐘後取出，擠掉水分並切碎備用。

2　取一個大碗，將雞蛋、切碎的菠菜、海鹽、黑胡椒放入之後攪拌均勻。

3　在平底鍋中倒入橄欖油，開中火等待油溫到達約 160 度的工作溫度（放入木
　　筷前端會冒出小泡泡）之後，倒入拌勻的菠菜蛋液並快速拌炒，當菠菜蛋呈
　　現半熟狀態時就取出盛盤。

4　續用同一鍋，將小番茄對半切放到鍋子裡，用中小火煎炒約 3 分鐘後取出，
　　搭配菠菜蛋享用。也可以依喜好加入生菜（材料分量外），補充膳食纖維。

# 白酒燜煎小卷
# 佐 Baby 蘆筍

PAN FRIED BABY OCTOPUS AND ASPARAGUS

小卷含有豐富的蛋白質和礦物質，而且高營養、熱量低，遇上橄欖油與白葡萄酒調味後，在平底鍋以明火煎煮時散發出的香氣，讓人迫不及待想大快朵頤一番。煎香的小卷搭配醃漬過的鮮甜蘆筍一起享用，不但膳食纖維加倍，美味更是無人可以抵擋。醃漬用的紫洋蔥也不要浪費，豐富的花青素可是抗氧化的專家，有助於提升免疫力！

料理形式
**開胃菜**

橄欖油調性
**淡　　雅**

烹調時間
**20 分鐘**

## 材料 ‖ 4 人份 ‖

**調味小卷**

生鮮小卷 … 600g

橄欖油 … 50cc

白葡萄酒 … 50cc

**醃漬蘆筍**

Baby 蘆筍 … 200g

紫洋蔥 … 50g（大約 1/4 顆）_ 切絲

新鮮巴西里 … 10g _ 切碎

橄欖油 … 50cc

海鹽 … 1/4 大匙

黑胡椒碎 … 1/4 大匙

## 作法

1　先將**醃漬蘆筍**材料全部放入一個大碗中拌勻後備用。

2　將小卷浸泡在飲用水中退冰後瀝乾，拔掉中間的軟骨。A

3　取一個平底鍋倒入橄欖油，開中火等待油溫到達約 160 度的工作溫度之後，放入小卷煎 1 分鐘，然後將小卷撥到鍋子的其中　邊，將醃漬好的蘆筍（包含紫洋蔥絲）全部放入，再馬上倒入白葡萄酒後蓋上鍋蓋，燜燒 1 分鐘左右即可盛盤。

A　將小卷的頭跟身體稍微拉開後，拔掉中間透明的軟骨。

# 黃檸檬橄欖油蒜片蝦

GAMBAS AL AJILLO

 料理形式
**開胃菜**　　 橄欖油調性
**溫　潤**　　 烹調時間
**20 分鐘**

在法國麵包片上擺放各式佐料的 Tapas，是西班牙的飲食文化代表，大多是一口大小，在當地做為前菜或下酒菜。這道就是經典的 Tapas 之一。蝦子浸泡在以大蒜、乾辣椒為底煸香的橄欖油中，吃下的每一口都能感受到海味、蒜香以及橄欖香氛。同時也能攝取到大量的橄欖油營養。

## 材料 ‖ 4 人份 ‖

**食材**

海蝦 … 600g

蒜仁 … 50g（大約 10 瓣）_ 切片

乾辣椒 … 5g

新鮮巴西里 … 5g _ 切碎

橄欖油 … 100cc

黃檸檬汁 … 20cc

法國長棍麵包 … 150g（大約 1/2 條）_ 切厚片

**調味料**

海鹽 … 1/4 大匙

黑胡椒碎 … 1/4 大匙

## 作 法

1　海蝦去殼去腸泥，洗淨擦乾備用。

2　取一平底鍋倒入橄欖油，開中火等待油溫到達約 160 度的工作溫度之後，轉小火放入蒜片、乾辣椒煸香，當蒜片變成金黃色後再放入海蝦。A

A　將蒜片與乾辣椒放入熱油中，煸到香氣出來且變色即可，注意蒜片不要煸過久，以免產生苦味。

3 海蝦剛下鍋時不要翻動,以免斷裂,等到一面
  變色後再翻面,待兩面都熟成變色了,放入巴
  西里與**調味料**拌炒一下,然後轉中火,淋上黃
  檸檬汁再煮一下即可。

4 盛盤,搭配法國長棍麵包片享用。

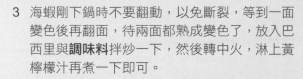

法國長棍麵包光是沾蒜片蝦
鍋中的橄欖油就很好吃,也
可以把製作完成的蒜片蝦放
到麵包上一起吃。

# 香煎鮭魚排
# 佐油醋番茄花園沙拉

PAN FRIED SALMON WITH TOMATO SALAD

只需要花點耐心,用中小火將鮭魚排煎到表面金黃酥脆、內部鮮甜多汁,就能感受到橄欖油慢封鮭魚的柔嫩口感。鮭魚是可以提升代謝的超級食物,豐富的 Omega-3 脂肪酸有助於燃燒體內的壞脂肪。煎鮭魚排時輪流翻面是重點,每一面的外層才會有焦香口感。

## ⊔ 材 料 ‖ 2 人份 ‖

**鮭魚 & 醃料**
鮭魚排 … 200g
橄欖油 … 50cc
海鹽 … 1/4 大匙
黑胡椒碎 … 1/4 大匙

**沙拉**
牛番茄 … 100g（大約 1 顆）_ 切片
綠捲鬚生菜 … 30g
羅勒 … 5g
◎也可用九層塔代替
蒜仁 … 20g（大約 4 瓣）_ 切碎
熱泡北非小米 … 50g
　　→作法參考 P49
亞麻仁油 … 100cc
巴薩米克醋 … 50cc
海鹽 … 1/4 大匙
黑胡椒碎 … 1/4 大匙
二號砂糖 … 1/4 大匙

> ### MARCO'S TIPS
> 醃料也可替換成市售的海鮮調味鹽。

## ⊔ 作 法

1　將鮭魚與**醃料**均勻混合，醃漬大約 5 分鐘。

2　取一個平底鍋放入適量的橄欖油（材料分量外），等待油溫到達約 160 度的工作溫度之後，將鮭魚先用大火煎 1 分鐘後翻面，再轉中小火輪流煎熟四面。大約每 2 分鐘翻面一次（約煎 6-8 分鐘），等到鮭魚表面金黃上色，確認熟透之後即可取出。

3　取一個大碗，將**沙拉**材料全部放入攪拌均勻。

4　擺盤，將鮭魚搭配沙拉享用。

# 辣味戰斧豬排
# 佐開心果薄荷醬

PAN FRIED PORK CHOP
WITH PISTACHIO AND MINT SAUCE

大口吃肉的絕對選擇！戰斧豬排配上濃郁橄欖油碰撞出的香氣，保證讓你意想不到。豬肉脂肪高，但含有極高的不飽和脂肪，營養價值也很高，可以攝取到豐富的維生素 B，曾被 BBC 選入「百大營養食材第八名」。耐心等待豬排醃漬一晚再煎烤，讓好油脂徹底改變戰斧豬排，融化出的油脂香氣更是超乎你的想像。

料理形式
**主　菜**

橄欖油調性
**濃郁 × 溫潤**

烹調時間
**50 分鐘**
＊豬排建議先醃漬一晚

## 材料 ‖ 4人份 ‖

**豬排 & 醃料**
帶骨戰斧豬排 … 450g（1 隻）
蒜仁 … 20g（大約 4 瓣）_ 切碎
乾辣椒 … 5g
飲用水 … 150cc
橄欖油 … 150cc
◎建議選用濃郁調性橄欖油
黑胡椒碎 … 1/4 大匙
海鹽 … 1/4 大匙
匈牙利紅椒粉 … 1/4 大匙

**裝飾菜**
迷你紅蘿蔔 … 2g（約 2 片）
迷你甜菜根 … 2g（約 2 片）
櫻桃蘿蔔 … 2g（約 2 片）

**醬汁**
橄欖油 … 100cc
◎建議選用溫潤調性橄欖油，
若具堅果香氣更佳
白葡萄醋 … 50cc
開心果仁 … 20g
薄荷葉 … 50g
蜂蜜 … 1/2 大匙
嫩薑 … 1/4 大匙_ 切末
海鹽 … 1/4 大匙
黑胡椒碎 … 1/4 大匙

## ⊔ 作 法

1　將豬排洗淨擦乾之後，將**醃料**跟豬排放進大容器裡，
　按摩均勻後放入冷藏庫醃漬一個晚上。

2　隔天將豬排取出置於室溫大約 20 分鐘。

3　取用一個平底鍋倒入適量的橄欖油（材料分量外），
　等待油溫到達約 160 度的工作溫度之後，先用大火將
　豬排煎 1 分鐘，然後翻面再煎 1 分鐘，接著轉中火將
　豬排立起來煎，煎到上色後移到烤盤裡。A

4　放進已預熱到 180 度的烤箱，用 180 度烤 10-15 分鐘，
　即可取出靜置 5 分鐘。

5　取用一台果汁機，將**醬汁**材料全部放入之後攪打均勻。

6　將豬排切片，搭配醬汁和**裝飾菜**享用。

A　豬排除了兩面之外，側面也要立起
　來煎上色。

# 油煎鴨胸
# 佐葡萄醋拌貓耳朵麵

PAN FRIED DUCK BREAST WITH ORECCHIETTE IN BALSAMIC SAUCE

 料理形式
**主 菜**

 橄欖油調性
**濃 郁**

 烹調時間
**30 分鐘**

＊鴨胸需事先醃漬一天

蘭陽平原好山好水孕育出的好鴨胸，油脂中含有高比例的不飽和脂肪酸，是營養價值高的肉品。以先煎後烤的烹調方式，讓鴨肉口感柔嫩不柴。而逼出的鴨油則用來炒義大利麵，加上有助於分解脂肪、促進消化的巴薩米克醋酸甜口感，不僅好吃，更是高代謝的健康料理。

## 材料 ‖ 4 人份 ‖

**鴨胸 & 醃料**
鴨胸 … 400g（約 1 片）
橄欖油 … 30cc
海鹽 … 1/4 大匙
黑胡椒碎 … 1/4 大匙

### MARCO'S TIPS
醃料也可替換成市售的肉類調味鹽。

**貓耳朵麵**
煎過鴨胸的橄欖油 … 2-3 大匙
預煮好的貓耳朵麵 … 500g
蒜仁 … 10g（大約 2 瓣）_ 切碎
洋蔥 … 100g（大約 1/2 顆）_ 切碎
綠櫛瓜 … 50g _ 切丁
黃櫛瓜 … 50g _ 切丁
小豆苗 … 10g
櫻桃蘿蔔 … 5g _ 切片
白葡萄酒 … 50cc
雞高湯 … 100cc
巴薩米克醋 … 100cc
海鹽 … 1/4 大匙

**裝飾菜**
紅酸模葉 … 1g
小牛血葉 … 1g

## Ⅲ 作 法

### I 煎烤鴨胸

1 將鴨胸洗淨瀝乾後，在鴨皮上用刀劃菱格紋。A

　　**POINT** 鴨皮上劃出紋路，能幫助油脂更容易吸收醃料。

2 取一個大碗放入鴨胸與**醃料**，按摩均勻後，放進冷藏庫醃漬 24 小時。

3 在一個大的平底鍋中倒入適量橄欖油（材料分量外），開中火等待油溫到達約 160 度的工作溫度之後，將鴨皮朝下放，開大火先煎 1 分鐘鎖住肉汁，確認底部上色後翻面並轉中火，煎到兩面金黃。B

4 將鴨胸移到烤盤，放入預熱至 180 度的烤箱中烤 15 分鐘，確認熟透後即可取出，靜置 5 分鐘後再切片。

### II 拌炒貓耳朵麵

1 取用 2-3 大匙煎鴨胸鍋中的油，放入一個小的平底鍋，開小火，然後放入蒜碎與洋蔥碎，轉到中火炒到飄出香味。

2 再加入白葡萄酒等待酒精揮發後，加入雞高湯、巴薩米克醋、櫛瓜丁、海鹽後轉到大火，等待沸騰後把煮好的貓耳朵麵放入拌炒均勻。

3 煮到鍋子中的醬汁只剩下約 1/4 的量，最後淋上少許橄欖油（材料分量外）即可關火，再加入小豆苗、櫻桃蘿蔔略微拌炒。C

4 將切片的鴨胸、炒好的貓耳朵麵盛盤，擺上**裝飾菜**，即可享用。

A 鴨皮朝上，用刀子在表面先以同一方向斜劃數刀，再以垂直方向斜劃，呈菱形格紋。

B 鴨胸一面煎上色後就翻面，同樣煎到上色即可，此時鴨胸只有表面金黃、內部未熟。

C 貓耳朵麵要拌炒到收汁為止，讓醬汁裹覆在麵上。

# 果香牛沙朗佐七蔬番茄醬汁

PAN FRIED RIB EYE STEAK
WITH SEVEN VEGETABLE SAUCE

料理形式
**主　菜**

橄欖油調性
**濃　郁**

烹調時間
**30 分鐘**

沙朗牛排除了撒海鹽，還有更多美味的可能。牛肉有豐富的鐵質，以及促進新陳代謝的維生素，這裡結合了番茄、櫛瓜、西洋芹、洋蔥等七種蔬菜，做出營養滿分的醬汁。將鮮嫩多汁的煎牛排沾上醬汁入口，不會對身體造成負擔，可以盡情享用。

## 材料 ‖ 2 人份 ‖

**牛排 & 醃料**

沙朗牛排 … 200g（約 1 片）

橄欖油 … 30cc

海鹽 … 1/4 大匙

黑胡椒碎 … 1/4 大匙

**配菜**

芝麻葉 … 100g _ 部分切碎

**醬汁**

橄欖油 … 30cc

蒜仁 … 20g（大約 4 瓣）_ 切碎

洋蔥 … 100g（大約 1/2 顆）_ 切丁

西洋芹 … 100g（大約 1 支）_ 切丁

紅蘿蔔 … 100g（大約 1/2 條）_ 切丁

南瓜 … 100g _ 切丁

綠櫛瓜 … 100g _ 切丁

新鮮巴西里 … 10g _ 切碎

白葡萄酒 … 50cc

整粒番茄罐頭 … 400g（大約 1 罐）

巴薩米克醋 … 30cc

雞高湯 … 50cc

◎沒有雞高湯可用水取代

海鹽 … 1/4 大匙

黑胡椒碎 … 1/4 大匙

## ⨆ 作 法

### I 製作醬汁

1 取用一個平底鍋倒入橄欖油,開大火等到油溫到達約 160 度的工作溫度之後,放入蒜碎、洋蔥、西洋芹、紅蘿蔔、南瓜、綠櫛瓜,炒到香味飄出。

2 接著加入白葡萄酒、整粒番茄罐頭,然後轉小火燉煮 15 分鐘之後,再把巴西里、巴薩米克醋、雞高湯、海鹽、黑胡椒加進去拌炒均勻即可關火。A

3 稍微放涼之後,放入果汁機或是手持式調理機打勻,再倒出來煮滾之後備用。B

### II 煎牛排

1 取用一個小盤子,將牛排跟**醃料**充分混合均勻。

2 在平底鍋中倒入大約 20cc 橄欖油(材料分量外),開大火等到油溫到達工作溫度之後,把牛排放入,待一面煎至上色,轉中小火將另一面也煎至上色,此時為三分熟,若想要其它熟度就繼續煎至自己想要的熟度。C

3 將煎好的牛排放室溫靜置 5 分鐘讓血水回流,以免血水流失過多,導致牛排失去絕佳口感。

4 將牛排切片,搭配醬汁以及芝麻葉享用。

> **MARCO'S TIPS**
>
> 此醬汁也很適合拿來煮義大利麵或燉飯,冷凍可以保存 1 個月。

A 醬汁材料中的蔬菜要先燉煮一下,再加入調味料與高湯,拌炒到入味。

B 攪打均勻的醬汁必須再加熱煮滾。這個殺青動作,可避免因天氣過熱而醬汁酸壞。

C 煎到三分熟的牛排,只有表面煎上色。

# 舒芙蕾鬆餅
# 佐快速莓果醬

PAN FRIED SOUFFLÉ WITH BERRY SAUCE

 料理形式
**甜　　點**

 橄欖油調性
**濃　　郁**

 烹調時間
**40 分鐘**

甜點用油煎？聽起來有點難以想像嗎？這可是連烤箱都不用的美味甜點喔！透過橄欖油燜煎，在平底鍋中做出一個個蓬鬆軟綿的舒芙蕾，趁熱時入口，可品嚐到柔軟細緻的口感，以及揉合了蛋香與奶香的簡單滋味。隨興搭配果醬、優格或蜂蜜一起享用，除了營養豐富外，也是大人小孩都喜歡的簡易甜點。

## ⩗ 材 料 ‖ 4 人份 ‖

**鬆餅**
蛋黃 … 100g（約 2 顆）
蛋白 … 100g（約 2 顆）
細砂糖 … 35g
橄欖油 … 15cc
濃縮牛奶 … 15cc
低筋麵粉 … 40g

**快速果醬**
草莓 … 100g＿切小塊
二號砂糖 … 1/2 大匙
黃檸檬汁 … 30cc
蜂蜜 … 3 大匙

**配料**
希臘優格 … 50g
蜂蜜 … 30g
糖粉 … 10g

## ⩗ 作 法

1 先將**快速果醬**材料全部放入一個小碗中，將草莓壓碎並拌勻即可放入冰箱備用。A

2 取用一個打蛋盆，將蛋黃用電動攪拌器打發至鵝黃色後，先加入 15g 細砂糖，再依序加入橄欖油、濃縮牛奶、過篩後的低筋麵粉，攪拌成均勻的麵糊後備用。B

3 另外取一個打蛋盆，將蛋白用電動攪拌器打到濕性發泡後，加入 10g 細砂糖繼續打到硬性發泡，再放入剩下的 10g 細砂糖打勻。C

4 先取一半的蛋白霜放入麵糊中，用橡皮刮刀以切拌的方式拌勻後，再倒入剩下的蛋白霜拌勻。D

5 在平底鍋中倒入些許的橄欖油（材料分量外），用廚房紙巾抹勻鍋底之後，開小火等 30 秒鍋子熱後，用湯匙依序放入 1 匙的麵糊燜煎大約 3 分鐘，再疊上 1 匙麵糊，稍微定型之後再翻面，然後加入 1 小匙的水後迅速蓋上鍋蓋，繼續燜蒸 3 分鐘即可擺盤。E、F

6 撒上糖粉，搭配果醬以及優格、蜂蜜享用。

A　將草莓壓碎，跟快速果醬的其他材料混合均勻。

B　在打發的蛋黃中依序加入砂糖、橄欖油、牛奶、麵粉，攪拌成均勻的麵糊。

C　蛋白中分次加入砂糖，打到蛋白霜可拉起小鉤狀。

D　蛋白霜分次加到麵糊中混合，動作要輕柔快速，避免消泡。

E　舀一湯匙的麵糊，以劃圓方式倒入鍋中，煎到麵糊開始凝固、表面有小氣泡，再疊上一層麵糊。

F　確認麵糊定型且底部上色後，再翻面煎另一面。

# 5

## 「烤箱烘烤」 的高溫洗禮

烤箱是地中海料理中不可或缺的工具之一，
烘烤更是烹調手法中「乾熱法」的最佳表達方式。
不僅如此，設定好時間溫度後就能雙手自由，
可以利用空檔做其他事這點，對忙碌料理人來說更是福音。
好的配方能讓你吃進更多食材的營養價值，
而控制好溫度尤其是好吃的關鍵，
就讓本章節的烤箱食譜，帶你一起出爐美味生活！

# | 烘 | 烤 | 重 | 點 |

　　將橄欖油和食材透過烘烤慢慢結合，可以在均勻受熱的環境中，讓食材充分吸收營養和美味精華。每道料理的烘烤時間、溫度不同，請依照食譜設定、並記得事先預熱烤箱至少 15 分鐘的時間，才能夠達到最高效率。

# 爐烤瑪茲瑞拉千層圓紫茄

## ROAST EGGPLANT WITH TOMATO SAUCE AND MOZZARELLA CHEESE

料理形式
**開胃菜**

橄欖油調性
**淡　雅**

烹調時間
**30 分鐘**

沒有品嚐過烤蔬菜美味的人，一定要試試看我的烹調方法。好吃的關鍵在於高溫。蔬菜加熱過久容易出水影響口感，所以調高烤箱溫度，就會一起調高你享用食物的快樂度。

茄子是集聚營養素於一身的食材，除了可以減緩糖分吸收的減重小幫手綠原素外，還含有大量多元的維生素、礦物質和膳食纖維，記得連皮一起吃，不要浪費表皮具有超強抗氧化力的花青素。

## 材料 ‖ 2 人份 ‖

### 食材
日本圓茄 … 1 顆
◎烤圓茄的口感較佳，但也可以換成其他茄子
瑪茲瑞拉起司絲 … 50g
九層塔 … 2g _ 切碎
海鹽 … 適量

### 番茄醬汁
橄欖油 … 50cc
蒜仁 … 10g（大約 2 瓣）_ 切碎
洋蔥 … 100g（大約 1/2 顆）_ 切碎
紅蘿蔔 … 50g（大約 1/4 條）_ 切碎
西洋芹 … 50g（大約 1/2 支）_ 切碎
月桂葉 … 2 片
黑胡椒碎 … 1/4 大匙
義大利綜合香料 … 1/4 大匙
白葡萄酒 … 50cc
番茄碎罐頭 … 200cc
雞高湯 … 100cc

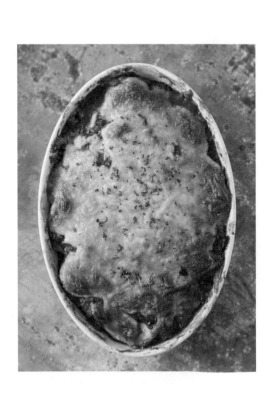

## 凵 作法

1 先將茄子切薄片後放入大碗中,加入適量的鹽抓醃一下,然後靜置約
  10 分鐘。等到茄子滲出苦水後倒掉水,稍微沖洗再用廚房紙巾吸乾水
  分備用。A

  POINT 茄子如果沒先出水就拿去烤,烤完後會有很多水,而影響口感。

2 平底鍋中倒入橄欖油,加熱後爆香蒜碎、洋蔥,再加入紅蘿蔔、西洋
  芹、月桂葉炒香,接著加入黑胡椒、義大利綜合香料。倒入白葡萄酒、
  番茄碎罐頭和雞高湯,以中小火煮 7 分鐘,煮到醬汁變濃郁。B

3 取一個烤皿,先鋪一層番茄醬汁,再疊上一層茄子,然後依序不斷堆
  疊醬汁和茄子,最後放起司絲在上面。C、D、E、F

4 烤箱事先預熱至 180 度。將千層茄子送進烤箱,以 180 度烤約 10 分鐘,
  烤到起司絲變得金黃上色,即可取出,再依喜好撒上九層塔碎享用。

A 茄子用鹽抓醃後靜置一會兒,
  便會滲出苦水,把這些水分充
  分吸除乾淨。

B 將番茄醬汁的材料充分煮到濃
  稠狀。

C 容器底部先鋪一層番茄醬汁。

D 再將茄子依序排入容器中。

E 茄子上方再鋪一層番茄醬汁,
  然後以同樣方式往上堆疊。

F 最後一層鋪上滿滿的起司絲
  後,放進烤箱烤熟。

# 酥脆香料麵包粉烘烤大扇貝

ROAST SCALLOP WITH CHEESE AND
CRISPY BREAD POWDER

 料理形式
**開胃菜**

 橄欖油調性
**溫　潤**

 烹調時間
**40分鐘**

扇貝是高蛋白低脂肪的貝類,含有可以活絡大腦的碳水化合物,
以及多樣化的維生素和牛磺酸。若是新鮮飽滿的貝肉,一般烘烤
的重點在於保持 Q 彈多汁。而我這道焗烤扇貝,則是要呈現嫩中
帶脆的口感,關鍵就在上方起司層必須是酥脆的,因此我特別加
了麵包粉一起烤,品嚐有別以往的口感與風味。

## ⊔ 材料 ‖ 4 人份 ‖

**食材**
冷凍帶殼扇貝 ⋯ 8 顆

**香料麵包粉**

| | |
|---|---|
| 麵包粉 ⋯ 50g | 芥末籽醬 ⋯ 1/2 大匙 |
| 起司粉 ⋯ 1 大匙 | 黃檸檬汁 ⋯ 25cc |
| 蒜仁 ⋯ 5g（大約 1 瓣）_ 切碎 | 黃檸檬皮 ⋯ 5g _ 刨絲 |
| 新鮮巴西里 ⋯ 1/2 大匙 _ 切碎 | 橄欖油 ⋯ 75cc |

## ⊔ 作 法

1 煮開一鍋熱水後放入些許鹽巴（材料分量外），然後關火。將扇貝肉從殼上剪下來，下鍋汆燙 10 秒鐘，定型即可取出瀝乾，再將扇貝殼汆燙消毒 10 秒鐘後取出。A、B

   **POINT** 扇貝有許多水分，先汆燙定型可以避免大量出水，影響口感。

2 準備一個烤盤鋪上捏皺的鋁箔紙，放上扇貝殼，再將扇貝肉放上去。

   **POINT** 扇貝烘烤時多少會有些許水分流出，鋁箔紙捏皺可以防止扇貝傾斜導致湯汁流出。

3 取用一個大碗，將**香料麵包粉**材料放入之後攪拌均勻，然後均勻鋪在每一顆扇貝上。C

4 烤箱事先預熱至 180 度。將扇貝放進烤箱，以 180 度烘烤 10-15 分鐘，烤到麵包粉均勻上色且扇貝熟透即完成。淋上些許橄欖油（材料分量外）後享用。

A 扇貝肉先快速汆燙。如果直接拿去烤的話，水分會流出來。

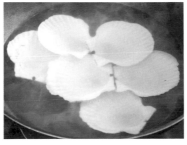
B 扇貝殼也要汆燙一下殺菌。

C 把汆燙過的扇貝肉放回殼裡後，鋪上香料麵包粉。

# 苦情煙花女
# 爐烤龍蝦大麥燉飯

ROAST LOBSTER TAIL
WITH BARLEY IN PUTTANESCA SAUCE

料理形式
**主　菜**

橄欖油調性
**淡　雅**

烹調時間
**40 分鐘**

以義大利經典的煙花女醬汁襯托龍蝦的鮮甜，烘烤後，來自大海鹹香的香氣走向，更是顛覆腦中的既定印象。用高營養價值的全穀大麥取代白米做成燉飯，大量的膳食纖維對消化代謝很有幫助，和蔬菜、香料、高湯、白酒細細燉煮後，可以一次攝取到維生素、蛋白質、油脂、澱粉等各類養分，也滿足大口吃美食的欲望。

 **材　料** ‖ 1 人份 ‖

**食材**

龍蝦尾 … 1 尾

**煙花女醬汁**

苦茶油 … 25cc
蒜仁 … 10g（大約 2 瓣）_ 切碎
洋蔥 … 30g（大約 1/6 顆）_ 切碎
醃漬鯷魚 … 10g
醃漬酸豆 … 5g
黑橄欖 … 25g（大約 5 顆）_ 對切
白葡萄酒 … 25cc
番茄碎罐頭 … 50cc
雞高湯 … 25cc
新鮮巴西里 … 5g _ 切碎
二號砂糖 … 3g
黑胡椒碎 … 3g

**大麥燉飯**

橄欖油 … 50cc
洋蔥 … 50g（大約 1/4 顆）_ 切碎
鴻禧菇 … 50g
大麥仁 … 150g
白葡萄酒 … 50cc
雞高湯 … 600cc
海鹽 … 1/4 大匙
黑胡椒碎 … 1/4 大匙
新鮮巴西里 … 1/4 大匙 _ 切碎
黃檸檬汁 … 30cc
黃檸檬皮 … 2g _ 刨絲

## Ⅲ 作法

### Ⅰ 處理龍蝦

1 準備一條抹布握於掌心，放上龍蝦尾，用手將龍蝦兩邊稍微擠壓一下，把龍蝦的關節破壞之後，用剪刀在腹部兩側各剪一刀，再將腹部的薄膜往尾部拉開，就可以把龍蝦肉抽出來。A、B、C、D

### Ⅱ 煙花女醬汁烤龍蝦

1 將龍蝦肉切成一口大小（大約切成六等分），並準備一鍋滾水把龍蝦殼汆燙備用。

2 取一個小平底鍋倒入苦茶油，先將蒜碎與洋蔥炒香之後，放入醃漬鯷魚、醃漬酸豆、黑橄欖、龍蝦肉拌炒一下，再加入白葡萄酒、番茄碎罐頭、雞高湯稍微燉煮即可，關火後加入巴西里、砂糖、黑胡椒拌勻。E

   **POINT** 苦茶油的苦味香氛，更可帶出龍蝦的鮮甜，更是東方人喜愛的味道。

3 烤箱事先預熱至 200 度。將煮過的龍蝦肉放入龍蝦殼中，送進烤箱以 200 度烤 5 分鐘即可。F

### Ⅲ 製作大麥燉飯

1 取一個小的平底鍋倒入橄欖油後加熱，確定油溫到達約 160 度的工作溫度之後，先放入洋蔥、鴻禧菇爆香，炒到香味飄出之後加入大麥仁拌炒一下。

2 再加入白葡萄酒，讓酒精稍微揮發後加入雞高湯，煮滾後加入海鹽與黑胡椒。G

3 用小火持續燉煮，煮到大麥仁熟透且收汁後關火，拌入巴西里、黃檸檬汁、黃檸檬皮即完成。H

4 將大麥燉飯搭配烤龍蝦一起享用。

A 隔著抹布先用手擠壓龍蝦兩邊，破壞龍蝦的關節。

B 把龍蝦腹部那一面朝上，用剪刀從腹部左右兩側膜跟背殼的交接處剪開。

C 把腹部的膜從頭部往尾巴拉開後，再拉出龍蝦肉。

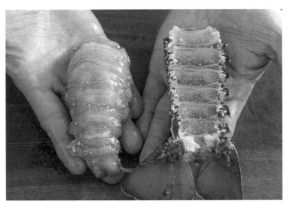

D 分離完整的龍蝦肉與殼。

E 龍蝦肉切塊後，與醬汁一同燉煮。

F 把汆燙過的龍蝦殼水分擦乾後，填滿煮好的龍蝦肉與醬汁。

G 大麥仁和洋蔥、鴻喜菇炒香後加入白葡萄酒、雞高湯。可以在處理龍蝦前先開始燉煮，煮好後龍蝦也差不多完成。

H 過程中開小火，煮到湯汁差不多收乾、大麥仁熟透後關火，再拌入巴西里、黃檸檬汁、黃檸檬皮。

# 油封鴨腿
# 佐香醋醃漬柑橘

CONFIT DUCK LEG WITH TANGERINE
IN OLIVE OIL AND BALSAMIC

這道油封鴨腿可以說是法式料理中的經典！
將肉類泡在油脂中以低溫長時間煮成，
是法國保存食材的一種傳統方式。
但我稍做改變，特別選用溫潤風味的橄欖油做油封，
讓這道經典菜色注入好油脂元素，不會對身體造成負擔，
也能保留鴨肉中的鐵質、維生素等營養。

料理形式
**主　菜**

橄欖油調性
**溫潤 × 淡雅**

烹調時間
**180 分鐘**

## 材料 ‖ 2 人份 ‖

**油封鴨腿**

鴨腿 … 600g（大約 2 隻）

橄欖油 … 500cc
◎建議選用溫潤調性橄欖油

蒜仁 … 2 瓣

月桂葉 … 3 片

黑胡椒粒 … 1 大匙

新鮮迷迭香 … 5g
◎也可使用乾燥迷迭香 1/2 大匙

海鹽 … 1 大匙

**醃漬柑橘**

柑橘類果肉 … 200g（大約 1 顆）

開心果仁 … 30g _ 敲碎

巴薩米克醋 … 50cc

橄欖油 … 50cc
◎建議選用淡雅調性橄欖油

二號砂糖 … 1/4 大匙

海鹽 … 1/4 大匙

## ⊔ 作 法

### I 油封鴨腿

1 先將鴨腿稍微洗淨之後擦乾。取用一個全鐵製可放入烤箱的湯鍋，倒入橄欖油，以小火加熱到約160度的工作溫度之後關火，再將其他**油封鴨腿**材料放入，蓋上鍋蓋。A

2 烤箱事先預熱至150度。將整鍋油封鴨腿放進烤箱，以低溫慢烤3個小時之後取出放涼。B、C

3 將鴨腿從鴨油鍋中取出，用平底鍋將鴨腿表面微煎即可。D

### II 醃漬柑橘

1 取用一個大碗，放入所有**醃漬柑橘**材料之後拌勻。放冰箱冷藏醃漬至少5分鐘。

2 將油封鴨腿搭配醃漬柑橘享用，清爽解膩。

---

**MARCO'S TIPS**

● 也可以用鵝腿替代鴨腿，但雞腿不適合，雞肉的肉質容易散開。

● 油封鴨腿放涼後可以放進冰箱保存，取出後直接吃，如果想吃熱的就稍微煎一下。油封料理保存時間長，冷藏約2週，冷凍可達3個月，多做幾隻起來放相當方便。鴨油冷卻後過濾，也可以用來沾麵包，或炒有含肉類的菜。

● 醃漬好的柑橘也可常備於冰箱中，搭配希臘優格享用。

---

A 先將橄欖油加熱後，加入所有油封鴨腿的材料。

B 將鴨腿浸泡在橄欖油中，以低溫慢烤3小時之後的模樣。

C 鴨腿的表皮已經金黃上色，非常酥脆。

D 將鴨腿外皮稍微煎出焦脆香氣即可。

# 小洋芋起司爐烤春雞

ROAST SPRING CHICKEN STUFFING BABY POTATO AND CHEESE

烤春雞也是法式經典菜色。其肉質鮮美、外皮酥脆，
且蛋白質豐富，搭配蔬菜一起吃更能攝取到均衡營養。
這道菜看起來很厲害，但只要將春雞醃漬一晚，再放進
烤箱烤熟就可以了。
製作上沒什麼難度又受人喜愛，
是在家宴客的好選擇。

料理形式
**主　菜**

 橄欖油調性
**溫　潤**

 烹調時間
**50 分鐘**

＊雞肉需事先醃漬 12 小時

## 材料 ‖ 2 人份 ‖

### 春雞 & 醃料
小春雞 … 1 隻（大約 300-400g）
橄欖油 … 50cc
蜂蜜 … 1 大匙
白葡萄酒 … 2 大匙
海鹽 … 1/4 大匙
黑胡椒碎 … 1/4 大匙
匈牙利紅椒粉 … 1/4 大匙

### 餡料
橄欖油 … 30cc
蒜仁 … 5g（大約 1 瓣）_ 切碎
小洋芋 … 150g（大約 3 顆）_ 去皮切塊
乾燥迷迭香 … 1/4 大匙
黑胡椒碎 … 1/4 大匙
海鹽 … 1/4 大匙
起司粉 … 1 大匙

## 作法

1　先將春雞洗淨之後擦乾，取用一個大碗，將所有**醃料**放入後攪拌均勻，再均勻塗抹於春雞內外，然後放進冰箱醃漬 12 小時備用。

2　取一個中型平底鍋倒入橄欖油，確認油溫到達約 160 度的工作溫度之後，放入蒜碎炒到香味出來，再將切好的洋芋放進去煎到兩面均勻上色，接著關火放涼大約 10 分鐘後，拌入乾燥迷迭香、黑胡椒、海鹽、起司粉，即完成餡料。

3　將製作好的餡料從春雞的屁股填入腹部中。

4　烤箱事先預熱至 160 度。準備一個烤盤，上面鋪鋁箔紙，將春雞脊椎骨朝下擺放，再放進烤箱烘烤 25-30 分鐘即可享用。

### MARCO'S TIPS

春雞可以跟賣雞肉的攤販訂購，有時候好市多也會販售。如果沒有的話可以使用一般的雞，但調味料量需加倍。

# 小茴香脆皮豬五花
# 佐芥末籽原汁醬

ROAST PORK BELLY WITH CUMIN FLAVOR
AND MUSTARD SEED SAUCE

料理形式
**主　菜**

橄欖油調性
**濃　郁**

烹調時間
**120 分鐘**

本著學習蘇東坡慢燉肉品的精神，創作出這一道烤箱版的脆皮豬五花。皮酥而不膩、肉軟而不爛，橄欖油的香氣完全包覆在豬五花上，只要吃過一次，就會常駐在味覺記憶中久久想念。由於是設計成多人共吃的料理，平均每人的分量不大，不用擔心油脂過多的問題。如果家裡人少，可以自行減量製作。

## 材料 ‖ 8 人份 ‖

### 五花肉 & 醃料

豬五花肉 … 1200g
海鹽 … 1/2 大匙
橄欖油 … 100cc

### 醬料

芥末籽醬 … 2 大匙
蜂蜜 … 2 大匙

### 炒製湯料

橄欖油 … 100cc
蒜仁 … 50g（大約 10 瓣）
洋蔥 … 300g（大約 1.5 顆）_ 切塊
小茴香籽 … 2 大匙
八角 … 5 顆
月桂葉 … 10 片
白葡萄酒 … 100cc
雞高湯 … 400cc

## 作 法

1  先將豬五花肉的豬皮部分用刀尖劃菱形格紋後，撒上**醃料**並塗抹均勻後備用。A

2  鍋中放入橄欖油、蒜仁、洋蔥炒香後，**轉小火，加入小茴香籽、八角、月桂葉拌炒**，再倒入白葡萄酒與雞高湯，以中火煮滾後，倒入深烤盤中，並放入豬五花肉（五花肉的皮朝上）。

    **POINT** 加入香料時要用小火炒，以免焦掉。

3  烤箱事先預熱到 180 度。將豬五花肉送進烤箱以 180 度烤大約 2 小時。B

4  取出深烤盤後，將烤到酥脆的豬五花肉放一旁靜置。再將湯汁倒到另外一個小鍋子中，加入芥末籽醬與蜂蜜，稍微加熱調和後就是脆皮豬五花的醬汁。C

5  將脆皮豬五花切成大塊，搭配醬汁享用。

A  用刀尖在豬皮上先以同方向劃出數條紋路，再以垂直方向劃出紋路。

B  豬皮朝上，把醃好的豬五花放入炒製湯料中，再送進烤箱。圖為烤 2 小時之後的模樣，這時豬皮烤得相當酥脆。

C  烤過豬五花的湯汁另外倒入鍋中，跟芥末籽醬與蜂蜜一起加熱混合，完成搭配脆皮豬五花的醬汁。

# 迷迭香小羔羊排佐薄荷綠醬

ROAST LAMP CHOP WITH ROSEMARY FLAVOR
AND MINT SAUCE

羊肉的喜好因人而異,像我自己就很愛。豐富的蛋白質、維生素和礦物質,比豬肉、牛肉更高,還有促進血液循環的作用。而這道小羊排本身僅有簡單調味,搭配以橄欖油、薄荷、檸檬製作出的薄荷綠醬,讓小羊排嚐起來香而不羶,反倒有股清新風味。

 料理形式
**主 菜**

 橄欖油調性
**濃郁 × 淡雅**

 烹調時間
**40 分鐘**
＊羊排需事先醃漬 12 小時

## 材 料 ‖ 3 人份 ‖

**羊排 & 醃料**

小羊排 … 800g
◎大約超市販售的一包分量

蒜仁 … 15g（大約 3 瓣）_ 拍碎

新鮮迷迭香 … 2g
◎也可使用乾燥迷迭香 1/4 大匙

海鹽 … 1/4 大匙

黑胡椒 … 1/4 大匙

白葡萄酒 … 50cc

橄欖油 … 50cc
◎建議選用濃郁調性橄欖油

**薄荷綠醬**

蒜仁 … 10g（大約 2 瓣）

薄荷葉 … 100g

黃檸檬汁 … 50cc

黃檸檬皮 … 5g _ 刨絲

核桃 … 3 大匙

橄欖油 … 100cc
◎建議選用淡雅調性橄欖油

海鹽 … 1/4 大匙

二號砂糖 … 1 大匙

黑胡椒 … 1/2 大匙

## ⊔ 作法

1 先將羊排洗淨後稍微擦乾，以一隻骨頭為一片的單位切開。A

2 取用一個大碗，將羊排與**醃料**放入攪拌均勻之後，放進冰箱醃漬 12 小時。

3 取用一個大平底鍋倒入大約 30cc 的橄欖油（材料分量外），確認油溫到達約 160 度的工作溫度之後，將羊排一隻一隻放入，煎至兩面金黃上色即關火。

4 烤箱事先預熱到 180 度。將煎好的羊排鋪排到烤盤中，放進烤箱以 180 度烤 3-5 分鐘即可。

5 將**薄荷綠醬**材料放入果汁機之中攪打均勻，搭配羊排享用。

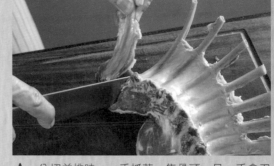

A　分切羊排時，一手抓著一隻骨頭，另一手拿刀順著切開。肉比較少的地方就切兩隻骨頭。

CHAPTER

# 6

# 「健康油炸」
# 的美好滋味

在地中海地區,使用橄欖油進行高溫烹調或油炸食物,
都是非常普遍的料理處理方式,例如義大利聞名的炸海鮮。
橄欖油帶有果實香氣,主要成分為油酸且富含抗氧化物質,
比其他油脂更不易氧化,即使遇高溫也能保持油質穩定。
油炸時須特別注意火候,適當溫度點大約是 160 至 180 度之間,
只要油溫控制得宜,油脂會沾附在食材表面、不易滲透到內部。
我將在接下來的食譜中,介紹多道地中海料理的經典油炸菜色,
還有許多油炸的小撇步,保證炸出香酥脆而不油膩的滋味。

## ｜ 油 ｜ 炸 ｜ 重 ｜ 點 ｜

### POINT 1：確認油溫

　　將橄欖油倒入油炸鍋中，以中火加熱，放入木筷或木鏟，若前端冒出小泡泡，即代表橄欖油到達工作溫度，也就是 160 度左右，此時就可以放入食材油炸。或者把一兩滴麵糊滴入油鍋中，麵糊會浮起即表示 OK。

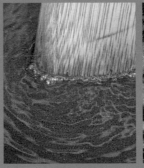
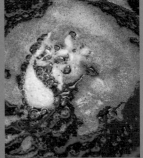

### POINT 2：控制火力

　　食材下油鍋後，油溫馬上就會降溫，所以千萬不要轉成小火，因為這樣食材等於泡在油中，沒有達到油炸的效果。大部分食材建議一開始先用大火油炸 1 分鐘，再轉回中火續炸。

### POINT 3：避免油爆

　　食材剛下鍋油炸時，會冒出許多泡泡，這是水分被逼出來的意思，之後就會漸漸消泡。千萬不要因為怕油噴濺出來而蓋上鍋蓋，一旦蓋上鍋蓋會產生水蒸氣滴落油中，反而容易產生油爆導致危險性。

# 香氛松露炸薯條

FRENCH FRIED WITH TRUFFLE PASTE

 料理形式
**開胃菜**

 橄欖油調性
**淡　雅**

 烹調時間
**20 分鐘**

沒有人拒絕得了現炸的酥脆薯條！所以，橄欖油炸薯條是一定要出現在食譜中的。馬鈴薯是許多歐陸國家的主食，營養素高、有飽足感，含脂量又低。美好的炸薯條拌上充滿香氛的松露醬，更是法國老饕最愛的吃法。

## 材料 ‖ 2 人份 ‖

馬鈴薯 … 2 顆
松露醬 … 1/2 大匙
鹽 … 1/2 大匙
新鮮巴西里 … 1/2 大匙 _ 切碎
橄欖油 … 1000cc

## 作法

1　將馬鈴薯洗淨削皮後，切成粗條狀。

2　接著泡水沖洗掉澱粉質，再拿兩張廚房紙巾包住薯條，用手壓一壓拍乾水分。

3　以中火加熱橄欖油到約 160 度的工作溫度後，放入瀝乾水分的薯條，以中火油炸 30 秒後轉小火。持續炸到薯條邊邊起皺摺、外觀變金黃色，最後轉大火再炸 1 分鐘即可撈出。A

　　**POINT** 薯條要不時翻動，避免在鍋底直接燒焦，一邊翻動也會感覺到薯條慢慢變硬，起鍋前再拉高油溫炸一下會更酥脆。

4　薯條放在廚房紙巾上稍微吸附多餘的油後，放入一個大攪拌盆中，均勻混合松露醬、鹽與巴西里碎即可享用。

A　馬鈴薯炸到邊邊出現皺摺（已非光滑的狀態），就表示炸熟了。這時候準備拉高溫，提升酥脆感。

# 西西里
# 小橘子燉飯球

ARANCINI

這道菜是義大利西西里島油炸料理的代表。不小心煮過多的燉飯包入起司、捏成圓球狀，就是大人小孩都喜歡的炸燉飯球。由於形狀討喜，像極了小巧的柑橘，所以在義大利文中以「Arancini」稱呼，就是小橘子的意思。

料理形式
**開胃菜**

橄欖油調性
**溫　潤**

烹調時間
**40 分鐘**

＊燉飯需事先冷藏一晚

## 材料 ‖ 10 人份 ‖

**燉飯**
蒜仁 … 10g（大約 2 瓣）_ 切碎
洋蔥 … 150g（大約 3/4 顆）_ 切碎
培根 … 100g（大約 3 片）_ 切碎
台梗九號米或義大利米 … 500g
雞高湯 … 800cc
帕馬森起司粉 … 50g
新鮮巴西里 … 30g _ 切碎
橄欖油 … 50cc
海鹽 … 1/4 大匙
黑胡椒碎 … 1/4 大匙

**炸粉 & 炸油**
高筋麵粉 … 300g
雞蛋液 … 300g
麵包粉 … 300g
橄欖油 … 1000cc

**餡料 & 裝飾**
瑪茲瑞拉起司 … 150g _ 切丁
巴西里葉或紅酸模葉 … 少許
巴薩米克醋 … 2 大匙

## ∐ 作 法

### I 製作燉飯

1 取一個厚底炒鍋放入橄欖油、蒜碎、洋蔥、培根，開中火炒至香味飄出後，將洗淨的米加入炒香拌勻。

2 再倒入雞高湯，加入海鹽與黑胡椒，待其沸騰後轉小火，不斷拌炒約 7 分鐘至湯汁收乾。

3 最後加入帕馬森起司粉、巴西里碎拌勻後關火，將燉飯盛至耐熱容器中，放涼後放入冰箱冷藏一天備用。

> **POINT** 燉飯冷藏過後比較入味，而且捏的時候較不黏手。燉飯球要壓緊實，避免油炸時散開。

### II 製作炸燉飯球

1 取出冷藏一晚的燉飯後，抓出大約乒乓球大小的量平鋪於掌心中間，再放上瑪茲瑞拉起司丁，然後捏成球狀。A、B、C

2 將燉飯球依序沾上麵粉、雞蛋液、麵包粉。所有的燉飯球捏製完成後放冰箱冷凍 5-8 分鐘定型。D

3 取一個深鍋倒入橄欖油，等待油溫到達約 160 度的工作溫度後，將燉飯球入鍋油炸，炸到表面金黃酥脆，即可取出瀝油。E、F

4 擺盤後於上端戳一個小洞，插入巴西里葉、紅酸模葉或其他綠葉裝飾，再淋上巴薩米克醋即可享用。

**MARCO'S TIPS**

**確認燉飯熟度：**
用鏟子朝鍋中畫一道分隔線，如果飯會分開兩邊、不會黏起來，就代表湯汁收乾了。

A 把燉飯平鋪於掌心後，包入三、四塊起司丁。

B 像是捏握壽司的感覺，把燉飯捏成紮實的圓球狀。

C 依照同樣方式，包出一顆一顆的燉飯球。

D 按照麵粉→雞蛋液→麵包粉的順序，將燉飯球沾裹好炸粉。

E 將燉飯球放入熱油鍋中油炸。

F 炸到表面變金黃色，外皮有酥脆感即可撈出。

# 無花果炸彩蛋

DEEP FRIED MEATBALL STUFFING FIG

在大家的觀念中總認為油炸食物的營養低，
我想顛覆這樣的想法，所以把最營養的無花
果包裹在肉泥中一起油炸。一口咬下時，肉
汁的鮮甜加上無花果的酸香，同時在口中蹦
發。無花果富含多種抗氧化物質、多酚類、
維生素與礦物質，且高纖維好代謝，這個組
合真是油炸食物的美好境界。

 料理形式
**開 胃 菜**

 橄欖油調性
**溫 潤**

 烹調時間
**50 分 鐘**

## 材 料 ‖ 4 人份 ‖

**豬肉餡**

豬絞肉 … 300g

蒜仁 … 15g（大約 3 瓣）_ 切碎

嫩薑 … 5g _ 切碎

玉米粉 … 2 大匙　　　**內餡 & 炸粉**

白葡萄酒 … 2 大匙　　　新鮮無花果 … 4 顆

苦茶油 … 2 大匙　　　高筋麵粉 … 300g

鹽巴 … 1/2 大匙　　　雞蛋液 … 300g

二號砂糖 … 1/2 大匙　　　麵包粉 … 300g

白胡椒 … 1/2 大匙　　　橄欖油 … 1000cc

## 🔖 作 法

1 取用一個大碗,將所有**豬肉餡**材料放入攪拌均勻後,反覆摔打至出筋。A

2 取用大約 80g 的豬肉餡平鋪於保鮮膜上,再放上 1 顆無花果。從周圍往中間包攏塑型成圓球狀,再將保鮮膜的開口轉緊,冷凍 5-8 分鐘定型。B、C

3 將塑型好的無花果豬肉餡拿掉保鮮膜,依序沾上麵粉、雞蛋液、麵包粉準備油炸。D

4 準備一個深鍋倒入橄欖油,開中火加熱至到達約 160 度的工作溫度後,放入裹好粉的無花果豬肉餡,先開大火油炸 1 分鐘,再轉中火油炸 5-7 分鐘至肉熟,最後轉大火炸 1 分鐘,表面金黃上色即可撈出瀝油。E、F

**POINT** 油炸過程中要不時翻動,以免炸焦,炸到表面裂開一點點就是熟了。

A 將豬肉餡材料反覆攪拌、摔打,產生筋性。

B 豬肉餡平鋪在保鮮膜上,中間放上一整顆無花果。

C 把保鮮膜往中間收攏後,將開口轉緊,並稍微塑型成橢圓狀。

D 冷凍過後定型的豬肉餡。

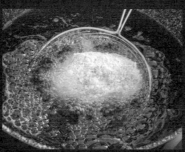

E 豬肉餡按照麵粉→雞蛋液→麵包粉的順序裹好炸粉後,放入熱油鍋中油炸。

F 炸到外觀金黃,表面出現裂縫,表示裡面的肉炸熟了。

# 啤酒酵母炸雞
# 佐溫烤緞帶沙拉

DEEP FRIED CHICKEN
WITH SLICE ZUCCHINI SALAD

料理形式
**主　菜**

橄欖油調性
**濃郁 × 溫潤**

烹調時間
**40 分鐘**

炸雞人人愛，但好吃酥脆的炸雞卻不是人人做得出來。為了增加麵衣的筋性，我特別在麵糊中加了啤酒，利用啤酒酵母的作用讓外皮膨鬆酥脆。還能幫助橄欖多酚滲透，做出兼顧美味營養的完美炸雞。

## 材料　‖ 4 人份 ‖

**食材 & 炸油**
去骨雞腿 … 2 隻（每隻約 300g）_ 切塊
棒棒腿 … 4 隻
橄欖油 … 1000cc
◎建議選用濃郁調性橄欖油

**醃料**
橄欖油 … 30cc
◎建議選用濃郁調性橄欖油
黑胡椒碎 … 1/4 大匙
海鹽 … 1/4 大匙

**麵糊**
啤酒 … 1 罐（約 330cc）
低筋麵粉 … 300g
義大利綜合香料 … 1/2 大匙
匈牙利紅椒粉 … 1/2 大匙
黑胡椒碎 … 1/2 大匙
海鹽 … 1/2 大匙

**溫沙拉食材**
綠櫛瓜 … 50g（約 1/4 條）
黃櫛瓜 … 50g（約 1/4 條）
紅蘿蔔 … 50g（約 1/4 條）

**溫沙拉調味料**
橄欖油 … 50cc
◎建議選用溫潤調性橄欖油
白葡萄醋 … 50cc
匈牙利紅椒粉 … 1/4 大匙
黑胡椒碎 … 1/4 大匙
海鹽 … 1/4 大匙

## ⎍ 作 法

### I 製作炸雞

1 先把雞肉洗淨瀝乾後,與**醃料**拌勻,放在室溫中醃漬 10 分鐘備用。

2 將**麵糊**材料混合,攪拌成滑順無顆粒的狀態後,將雞肉均勻沾裹上麵糊。A

3 準備一個深鍋倒入橄欖油,開中火加熱至約 160 度的工作溫度後,先放入棒棒腿以大火油炸 1 分鐘,接著轉中火油炸 1 分鐘,再放入去骨雞腿塊,續炸約 7 分鐘炸至金黃上色,即可撈出瀝油。B

**POINT**

· 棒棒腿帶骨,要比去骨雞腿塊早下鍋,這樣起鍋時兩者熟度才會剛好。

· 把炸雞用刀劃開或拿針戳,只要流出來的油是透明的、沒有血水,就表示已經熟透。

### II 製作溫沙拉

1 將綠櫛瓜、黃櫛瓜、紅蘿蔔以削皮刀削成長條薄片,類似緞帶的形狀。C

2 再放入一個大碗中,加入**調味料**攪拌均勻後,平鋪於烤盤上。D

3 烤箱事先預熱至 180 度。將步驟 2 的成品用 180 度烤約 3-5 分鐘即可取出。

4 將炸好的炸雞與烤好的溫沙拉擺盤即可享用,也推薦淋上些許巴薩米克醋(材料分量外),增添酸香氣味。

A　炸雞的麵糊不會太過濃稠,而會呈現滑順、流動感。

B　雞肉均勻裹上麵糊後,放入熱油鍋中油炸。

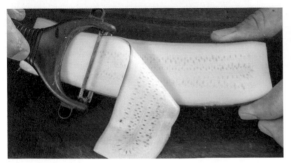

C　將櫛瓜剖半、去頭尾,利用削皮刀削出一片片長條薄片。

D　將拌上調味料的蔬菜薄片平鋪在烤盤裡,放進烤箱烤到蔬菜微微金黃且邊緣有點皺起即可。

# 那不勒斯炸海鮮

FRITTURA DI CALAMARI GAMBERI

當你到了義大利北部的海邊，看到人人手上拿著一卷用油紙包裹的炸海鮮在大快朵頤的時候，你會聞到橄欖油和炸海鮮的香氣飄揚於空氣中。各式各樣的海鮮不但帶有天然的鮮味和豐富營養素，也是低熱量的優質蛋白食材。將炸海鮮淋上酸甜的黃檸檬，清新酸味更是那不勒斯炸海鮮的魅力所在。

料理形式
**主　菜**

橄欖油調性
**濃　郁**

烹調時間
**40 分鐘**

## 材　料 ‖ 4 人份 ‖

**海鮮**

草蝦 … 350g（大約 12 隻）
◎如果改成大草蝦大約 5 隻
中卷 … 300g（大約 1 隻）
柳葉魚 … 300g（大約 10 隻）

**調味料**

海鹽 … 1/4 大匙
黑胡椒碎 … 1/4 大匙
新鮮巴西里 … 10g _ 切碎
黃檸檬 … 50g _ 切片

**炸粉 & 炸油**

杜蘭小麥麵粉 … 300g
◎也可以使用高筋麵粉
橄欖油 … 1000cc

## 作　法

1　處理海鮮：草蝦去除沙筋與身體部位的殼，留下頭部的殼，並把眼睛剪掉避免油爆。中卷去除內臟之後切成圈狀。柳葉魚稍微洗淨後，用廚房紙巾將所有海鮮擦乾水分備用。

2　取一個大碗放入麵粉後，將海鮮分次放入麵粉中翻動，使其外層均勻沾粉。

---

### MARCO'S TIPS

使用杜蘭小麥麵粉做成的麵衣，更加酥脆。

3 準備一個寬的淺鍋倒入橄欖油，
開中火加熱至約 160 度的工作溫
度後，將沾好粉的海鮮依序入油
鍋，全程以中大火油炸，偶爾翻面，
炸到表面呈金黃色即可撈出，放在廚房紙巾
上吸除多餘油分。

POINT 不同海鮮炸熟的時間雖然略有差異，但幾乎都很快，建
議以柳葉魚→中卷→草蝦的順序下鍋。一次炸很多海鮮
時建議用淺鍋，食材比較分散，也看得比較清楚。

4 盛盤，撒上海鹽、黑胡椒碎、巴西里碎，擠上檸檬汁即可。

# 西班牙炸吉拿棒 佐巴薩米克醋膏

SPANISH GUILLOTINE

 料理形式
**甜　點**

 橄欖油調性
**溫　潤**

 烹調時間
**40 分鐘**

每次做這道菜，我都笑稱它為「西班牙人的炸油條」，在網路與坊間也都有這樣的說詞。炸吉拿棒我強烈建議用溫潤調性的橄欖油來油炸，不但賦予吉拿棒淡淡的青草香氣解膩，也能在享用下午茶同時，多攝取一份健康的橄欖多酚。即便是在減重時期，我也會在心血來潮時自己炸吉拿棒解饞，但一定要用好的油脂，才不會給身體帶來負擔（當然量也要控制，過量飲食絕對有害無益）！

## 材料 ‖ 4 人份 ‖

**麵糊 & 炸油**

低筋麵粉 … 150g
無鹽奶油 … 80g
飲用水 … 250cc
細砂糖 … 1 大匙
海鹽 … 1/4 大匙
雞蛋 … 200g（大約 2 顆）
橄欖油 … 1000cc

**沾料**

糖粉 … 1 大匙
肉桂粉 … 1/4 大匙
巴薩米克醋 … 30cc

## 凵 作 法

1 先將低筋麵粉過篩備用。取一個小鍋，放入無鹽奶油、細砂糖、飲用水，以中火煮至融化。A

2 趁熱加入低筋麵粉與鹽，用攪拌器拌勻至無粉粒後，將麵糊放涼 5 分鐘。B

　　**POINT** 麵糊要稍微冷卻後再加入雞蛋，以免雞蛋過熱而變熟。

3 將雞蛋加入麵糊中，用攪拌器攪拌至均勻滑順的濃稠狀態。C

　　**POINT** 如果麵糊不夠濃稠，是奶油水的熱度導致，可適度加入約 50g 的麵粉攪打至濃稠，如此才方便使用擠花袋擠出吉拿棒造型。

4 將完成的麵糊裝入擠花袋中，並裝上大約 1 公分口徑的星形擠花嘴。D

5 油炸鍋中倒入橄欖油，中火加熱至冒出細細的泡泡後轉小火，直接將麵糊擠入鍋中，一邊用剪刀剪成小段。E

　　**POINT** 油溫很燙，擠麵糊時務必要小心，形狀跟長短也不用太介意。麵糊入鍋後先不要翻動，用夾子稍微捏捏看，感覺有點硬度後再翻。

6 用中火將麵糊炸至金黃上色即可撈起，放在廚房紙巾上稍微吸油並放涼。F

7 將糖粉與肉桂粉混合均勻。將吉拿棒撒上肉桂糖粉或淋上巴薩米克醋即可享用。

A 將奶油、砂糖、飲用水一起煮到融化。

B 將融化的奶油跟麵粉、鹽一起攪拌到顆粒感消失。

C 再加入雞蛋，攪拌成滑順均勻的麵糊。

D 把擠花袋前端剪開，裝上星形擠花嘴，再放入麵糊。

E 將麵糊在油鍋中擠出長條狀後用剪刀剪斷。

F 炸到金黃上色、外皮酥脆。

# 西西里教父起司捲

CANNOLI

 料理形式
**甜　點**

 橄欖油調性
**溫　潤**

 烹調時間
**30 分鐘**

「把槍丟掉但記得拿起司捲！」電影《教父》中的這一句經典台詞，開啟了我想用橄欖油炸甜點的好胃口。內餡使用的瑞可塔是用乳清製成的起司，鈉含量和熱量較低外，還可以攝取到大量鈣質和極高的蛋白質。炸至酥脆的餅皮，填入精心調製、帶有檸檬香與橙香的瑞可塔起司，再沾上開心果碎粒，一口咬下時保證你只想當個開心的教父啊！

## 材 料 ‖ 8 人份 ‖

### 起司內餡
新鮮瑞可塔起司 … 250g
細砂糖 … 50g
檸檬皮 … 30g _ 切粗絲
柳丁皮 … 30g _ 切粗絲
開心果碎 … 30g

### 麵團 & 炸油
高筋麵粉 … 300g
可可粉 … 1/4 大匙
研磨咖啡粉 … 1/4 大匙
無鹽奶油 … 30g _ 室溫軟化
白酒醋 … 150cc
雞蛋 … 1 顆
橄欖油 … 1000cc

### 使用工具
卡諾里捲模
（起司捲的模具，可於烘焙行購得）

**MARCO'S TIPS**
- 內餡的果皮不要切太細，這樣口感層次才豐富，也有解膩的效果。
- 麵團中的白酒醋可以平衡起司內餡的甜度。

## ⊔ 作 法

### I 製作內餡

1 開心果碎先取出部分做為最後裝飾用。剩餘的開心果碎與其他**起司內餡**材料拌勻至滑順。

2 將起司內餡放入擠花袋中，冷藏備用。

   **POINT** 擠花袋口裝上口徑大一點的圓形花嘴，方便之後擠餡，也可以直接剪開袋口擠餡。

### II 製作捲皮

1 將麵粉、可可粉及咖啡粉過篩混合在碗裡。

2 接著在碗裡放入軟化的無鹽奶油、白酒醋、雞蛋，混合均勻後持續搓揉麵團至表面光滑，再以保鮮膜包覆麵團，放置在冰箱中冷藏鬆弛 20 分鐘。A

3 麵團取出後分切成 16 小塊，搓圓後壓扁，用擀麵棍朝上下左右擀平，將小麵團壓成薄麵皮。

4 在麵皮上擺上卡諾里捲模，將麵皮切成比模具長度略小的長方形，接著捲起來。B、C

5 於麵皮接口處沾一點蛋液（材料分量外）幫助黏合，並壓緊。D

6 將橄欖油倒入油鍋中，加熱至約 160 度的工作溫度後，將捲成型的麵皮，連同模具一同下鍋油炸約 4 分鐘，炸到麵皮金黃酥脆、出現一顆一顆的泡泡即可撈出。E

   **POINT** 油炸時，留意溫度不宜太高，並且要不時轉動麵皮，以免過熱。炸好的麵皮表面有泡泡狀，這是白酒醋起作用而形成的。

7 等炸好的捲皮放涼後，把模具抽出來，再將準備好的起司內餡灌入捲皮中，兩端沾上開心果碎即完成。F

A 將麵團材料搓揉均勻。

B 將卡諾里捲模放在麵皮上,確認麵皮的寬度是否小於模具。

C 如果麵皮寬度過長,就用刮板修掉,並將麵皮切割成長方形。

D 用麵皮捲起模具,麵皮接口處要黏緊。

E 把捲好的麵皮連同模具一起放入熱油鍋中,炸到麵皮表面冒出泡泡。

F 一手握著放涼的捲皮,一手拉著模具的一端,轉一轉把模具抽出來,小心不要把捲皮弄破。

CHAPTER

# 7

# 「輕盈水煮」
# 的有滋有味

橄欖油也能水煮！？
別亂猜，這個篇章要教的是用最簡單的水煮方式，
搭配橄欖油的香氛，吃到食材深層原味的料理。
用橄欖油或其他好油脂去潤化、融合食材，
絕對顛覆你對水煮索然無味的的印象，
而且好吃之外，營養效果更是加成，
讓你徹底感受好油脂高代謝的輕盈威力。

## | 水 | 煮 | 重 | 點 |

對於習慣熱食的亞洲國家來說，水煮也是一個品嚐橄欖油原味很好的方式。透過水溫的控制將食材加熱到恰到好處後加入大量橄欖油，藉由油脂的潤滑效果、風味和香氛來增加食物的精采變化。

# 一日甜菜根
# 溏心蛋沙拉

PICKLE EGG IN BEETROOT JUICE
WITH GREEN SALAD

 料理形式
**沙　拉**

 橄欖油調性
**淡　雅**

 烹調時間
**20 分鐘**

＊溏心蛋需醃漬一晚

醃漬雞蛋在歐洲是很常見的料理，每個家庭都會在冰箱裡常備個
幾顆，但身在東方的我們真的無法想像這個好滋味。我特別選用
花青素含量高的甜菜根來醃漬雞蛋，本來白淨單純的水煮蛋被賦
予漂亮的色澤和香氣，再搭配生菜，組合出這道高蛋白、高纖維
的繽紛菜色。

## 材料　∥ 5 人份 ∥

**溏心蛋**

雞蛋 … 10 顆
甜菜根 … 300g（大約 1 小顆）
蘋果 … 200g（大約 2 顆）_ 去皮切塊
蜂蜜 … 50g
飲用水 … 500cc

**沙拉**

芝麻葉 … 100g
紅酸模葉 … 10g
綠捲鬚生菜（或芽菜類）… 100g
綜合堅果 … 2 大匙
橄欖油 … 50cc
巴薩米克醋 … 50cc
◎也推薦改用芒果風味的白葡萄醋
海鹽 … 1/4 大匙
黑胡椒碎 … 1/4 大匙

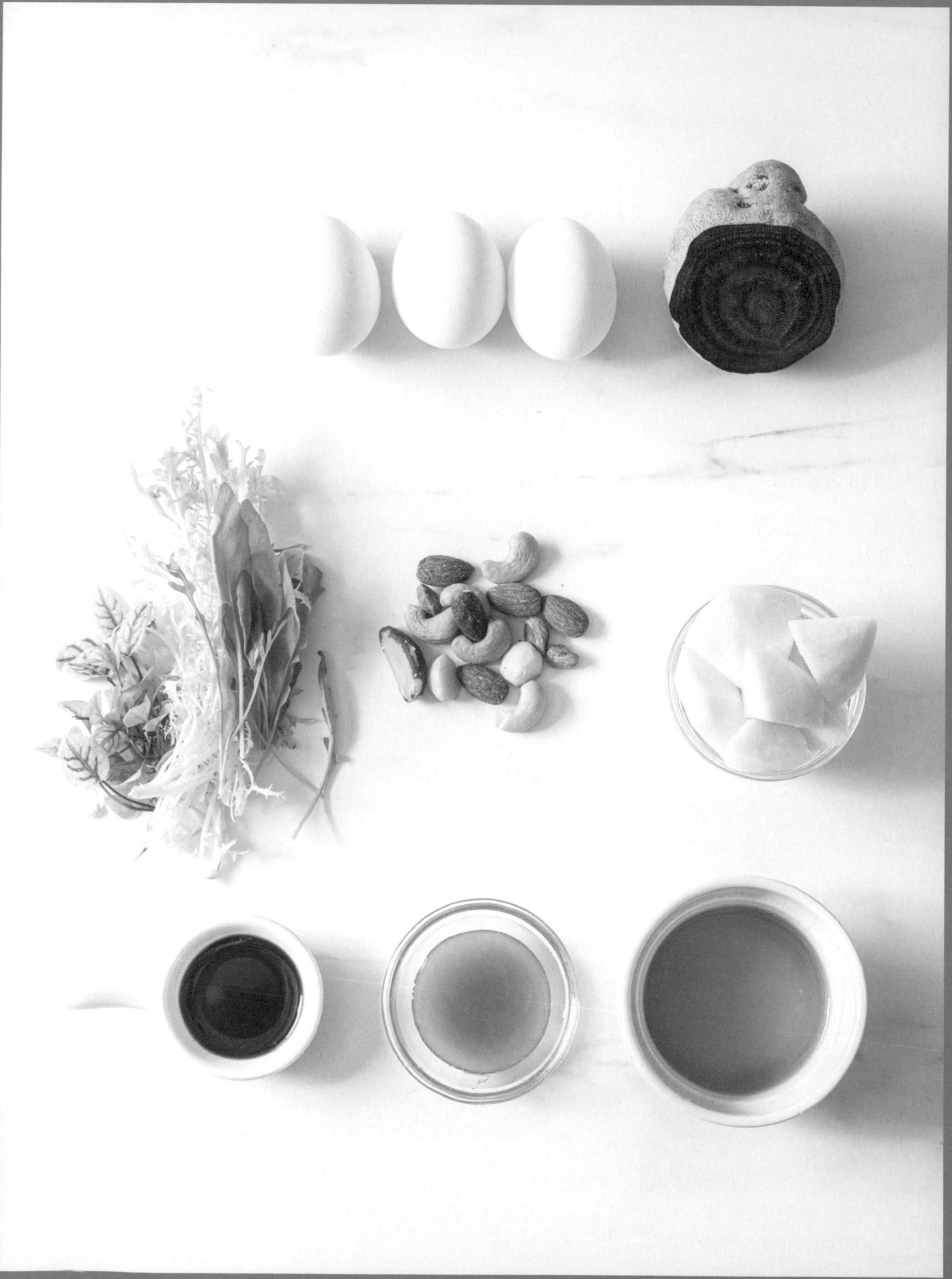

## ⊔ 作 法

### I 製作水煮蛋

1 先將冷藏的雞蛋放到室溫,使其回溫備用,並燒一鍋熱水,
水滾後撒些許鹽巴(材料分量外)。

> **POINT** 使用室溫雞蛋、水裡加鹽,都是為了避免雞蛋放入滾水中後,
> 蛋殼因溫差大而裂開。

2 將雞蛋用大湯勺放入滾水(水溫達 100 度)裡,以中小火煮
6 分鐘。煮的過程,用夾子或筷子小心地輪流將每顆蛋同方
向轉一轉,幫助蛋黃置於中間位置。A

3 時間到後將雞蛋撈起,放入冰水裡快速降溫後,將蛋殼頭尾
敲碎,直接在冷水裡剝掉蛋殼。

> **POINT** 起鍋後快速泡冰水降溫,蛋可以剝得比較漂亮。

### II 製作甜菜根溏心蛋

1 取用一個小湯鍋加水,將甜菜根放入冷水中煮至沸騰後,馬
上取出泡冰水後去皮,即可與蘋果、蜂蜜、飲用水一起用果
汁機打成甜菜根果汁。

> **POINT** 甜菜根含有營養價值高的甜菜紅素,建議洗淨後整塊下鍋水
> 煮(不去皮),避免營養流失。甜菜根煮沸後,土澀味會大
> 幅降低。

2 將甜菜根果汁倒至細濾網上過濾,分離果汁與水果殘渣。B

3 放入剝好殼的水煮蛋,再放進冰箱冷藏醃漬一個晚上即可。C

4 取用一個大碗,將**沙拉**材料全部放入攪拌均勻,即可搭配溏
心蛋享用。

A 水煮蛋入鍋後,每顆蛋都用夾子以同方向轉動,如此可讓蛋黃保持在中間位置。

B 利用湯匙壓一壓甜菜根果汁的渣,濾出果汁。

C 將水煮蛋浸泡在甜菜根果汁中,待其上色入味。

# 水波蛋
# 貝殼麵優格沙拉

POACHED EGG WITH SHELL NOODLE SALAD
IN YOGURT DRESSING

這是一道適合當作早餐的沙拉料理。貝殼麵沙拉中除了有番茄、蘋果等高營養水果，並加入高膳食纖維的紅藜麥，再佐以香甜的優格開胃。水波蛋是基本的水煮技巧，利用水的溫度當介質，就能煮出完美的水波蛋。

 料理形式
**沙　拉**

 橄欖油調性
**淡　雅**

 烹調時間
**30 分 鐘**

## 材 料 ‖ 4 人份 ‖

**水波蛋**

雞蛋 … 4 顆

白葡萄醋 … 50cc
◎也可以使用一般白醋

**沙拉**

預煮好的貝殼麵 … 300g

蘋果 … 100g（大約 1 顆）_ 去皮切丁

紅色小番茄 … 50g _ 對切

黃色小番茄 … 50g _ 對切

黑橄欖 … 20g _ 對切

毛豆仁 … 50g _ 燙熟

水煮紅藜麥 … 3 大匙
　　→作法參考 P48

希臘優格 … 150g

橄欖油 … 50cc

海鹽 … 1/4 大匙

黑胡椒碎 … 1/4 大匙

蜂蜜 … 1 大匙

## W 作 法

### I 製作水波蛋

1 在一個寬口的平底鍋中，倒入 500-800cc 的水，煮到沸騰後轉小火，保持在微滾的狀態（水溫大約在 80-85 度），再加入白葡萄醋備用。A

   **POINT** 也可以使用一般白醋，利用醋加速蛋白質凝固，幫助水波蛋定型。

2 準備一小碗大約 100cc 的常溫飲用水，先將室溫雞蛋打入另外一個小碗中確認新鮮度之後，再將雞蛋倒入裝有飲用水的小碗當中。B

   **POINT** 把雞蛋先放入少量的常溫水中維持住形狀，之後倒入滾水中時比較不會散開。

3 將小碗中的雞蛋及飲用水慢慢倒入步驟 1 的滾水中，前 1 分鐘用筷子在雞蛋的周圍緩慢畫圈，幫助蛋白凝結以及定型，接著計時 2 分鐘後將蛋翻面，然後再計時 2 分鐘之後關火。C、D、E

   **POINT** 用筷子畫圈時，往旁邊流開的蛋白不用理會。

4 煮水波蛋的過程總共 5 分鐘，煮好後用濾網撈起，泡在溫熱的飲用水中備用。F

### II 製作沙拉

1 取用一個大碗，將**沙拉**材料全部放入之後攪拌均勻即可。盛盤，放上水波蛋搭配享用。

A　讓煮沸的熱水保持微滾的狀態。

B　先把室溫雞蛋倒入常溫水中，利用水和蛋的質地差異，維持住雞蛋的形狀。

C　再將雞蛋與室溫水一起倒入滾水鍋裡。

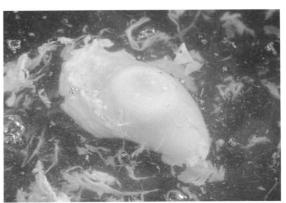

D　用筷子在雞蛋周圍畫圈，利用水流讓蛋白往中間凝結、包裹住蛋黃。

E　蛋白定型後，利用湯匙與夾子緩緩地翻面。

F　時間到後撈出即可。以 5 分鐘煮出的水波蛋，蛋白滑嫩，蛋黃呈半熟但不會流洩出來的熟度。

# 紅酒水波蛋
# 葡萄柚醋沙拉

POACHED EGG IN RED WINE WITH CABBAGE SALAD
IN GRAPE FRUIT VINEGAR DRESSING

用紅酒為水波蛋增添一點色彩，讓你的假日早午餐染上微醺心情。紅酒多酚的滲透作用，也能幫助水波蛋定型。生菜沙拉由高纖維的高麗菜、小豆苗組成，佐以偏酸的葡萄柚醋喚醒味蕾，點綴其中的苦味巧克力碎片，更具有多酚、花青素、可可鹼等可以抑制脂肪、促進新陳代謝的高價值營養，還能解高麗菜的澀味，讓沙拉味道更溫潤。

 料理形式
**沙　拉**

 橄欖油調性
**淡　雅**

 烹調時間
**30 分鐘**

## ⼷ 材 料 ‖ **4 人份** ‖

**水波蛋**

雞蛋 … 4 顆

紅葡萄酒 … 200cc

**沙拉**

高麗菜 … 300g _ 切絲

紫高麗菜 … 50g _ 切絲

紅蘿蔔 … 50g _ 切絲

核桃 … 50g _ 敲碎

小豆苗 … 50g

85% 巧克力 … 2 片 _ 剝碎

**醬汁**

葡萄柚果肉 … 100g

水煮蕎麥 … 2 大匙
　→作法參考 P48

橄欖油 … 100cc

巴薩米克醋 … 100cc

海鹽 … 1/4 大匙

## ⼷ 作 法

### Ⅰ 製作水波蛋

1　取一個寬口的平底鍋，倒入 500-800cc 的水煮到沸騰後關小火，保持微滾的狀態（水溫大約 80-85 度），再加入紅葡萄酒備用。

2　準備一小碗大約 100cc 的常溫飲用水，先將室溫雞蛋打入另外一個小碗中確認新鮮度後，再將它倒入裝有飲用水的小碗當中。

3 將小碗中的雞
  蛋及飲用水慢慢
  倒入步驟 1 的滾水
  中，前 1 分鐘用筷子在
  雞蛋的周圍緩慢畫圈，幫助
  蛋白凝結以及定型，然後計時 2
  分鐘後，利用湯匙輔助，小心將
  蛋翻面，再計時 2 分鐘後關火。

4 煮水波蛋的過程約 5 分鐘，煮
  好後用濾網撈起，泡在溫熱的飲
  用水中備用。

## II 製作沙拉

1 先將高麗菜絲、紫高麗菜絲、紅蘿蔔絲泡於
  冰塊水中 10 分鐘，然後瀝乾水分之後放入大
  碗中，跟核桃、小豆苗混合均勻備用。
  **POINT** 高麗菜絲先泡冰水，可保持鮮度和脆度。

2 接著取另一碗放入**醬汁**所有材料攪拌均勻，然
  後浸泡 5 分鐘讓葡萄柚充分釋放出美味。

3 把步驟 1 的成品放入醬汁中拌勻後，擺盤，放上水
  波蛋、撒上巧克力碎片即可享用。

# 紫薯白花椰米
# 花青素濃湯

PURPLE SWEET POTATO SOUP
WITH DICE WHITE CAULIFLOWER

說到高代謝、高抗氧化的營養，就絕對不能不提花青素，在提升免疫力上也有相當大的幫助。這道湯品利用了含大量花青素的紫地瓜與紫山藥，充分攪打至濃稠均勻，讓你喝下的每一口都是滿滿養分，富含活化一整天新陳代謝的元素外，亮麗的繽紛色彩也帶來好心情。

料理形式
**湯　品**

橄欖油調性
**淡　雅**

烹調時間
**30 分鐘**

## ⊔ 材料 ‖ 4 人份 ‖

### 食材

紫地瓜 … 600g（大約 2 條）
白花椰菜 … 150g（大約 1 小顆）
洋蔥 … 50g（大約 1/4 顆）_ 切絲
紫色山藥 … 200g _ 去皮切片

### 調味料

橄欖油 … 50cc
雞高湯 … 1000-1500cc
濃縮牛奶 … 400cc
◎也可使用動物性鮮奶油
海鹽 … 1/2 大匙
黑胡椒碎 … 1/2 大匙

## ⊔ 作法

1　把紫地瓜蒸熟後放涼，然後去皮切成小塊備用。白花椰菜分切小朵、去硬皮後，燙熟並切碎備用。

2　取一個深湯鍋倒入橄欖油後，放入洋蔥、紫山藥，開大火炒香，再放入紫地瓜一起炒香。

3　接著倒入雞高湯、濃縮牛奶，加熱沸騰後關火。

4　用手持式調理棒打勻後，加入海鹽與黑胡椒，再撒上白花椰菜即可享用。

---

**MARCO'S TIPS**

● 紫地瓜可以前一天備製起來放冰箱冷藏備用，會更省時快速。

● 這道湯品完成後，建議先喝一口原味，再淋上些許淡雅風味橄欖油品嚐看看。由於橄欖油在調味方面的效果絕倫，淋上後的味道截然不同，香氣和味道都會提升。

# 黑藜麥玉米濃湯

CORN SOUP WITH BLACK QUINOA

料理形式
**湯　品**

橄欖油調性
**溫　潤**

烹調時間
**30 分鐘**

用新鮮玉米粒煮出來的濃湯，香氣與口感截然不同，我認為這才稱得上真正的玉米濃湯。準備幾片法國長棍麵包吸附濃湯，滋味單純卻讓人愛不釋手。如果想要省時間，洋蔥跟玉米粒都可以事前備製起來放冰箱冷藏備用。

## 材料 ‖ 4 人份 ‖

### 食材

新鮮玉米條 ⋯ 1800g（大約 4 條）

洋蔥 ⋯ 150g（大約 3/4 顆）_ 切絲

水煮黑藜麥 ⋯ 3 大匙
　→作法參考 P48

### 調味料

橄欖油 ⋯ 50cc　　　海鹽 ⋯ 1/4 大匙

雞高湯 ⋯ 1000cc　　黑胡椒碎 ⋯ 1/4 大匙

濃縮牛奶 ⋯ 300cc
◎也可使用動物性鮮奶油

## 作法

1　先把玉米粒切下來備用。A

2　取用一個小的平底鍋倒入橄欖油之後，將洋蔥放進去開大火炒香，再放入玉米粒一起炒香後放旁邊備用。

3　取用一個湯鍋，放入雞高湯、濃縮牛奶還有炒好的洋蔥與玉米粒，加熱至沸騰後就關火。

4　用手持式調理棒打勻後，加入海鹽與黑胡椒，撒上水煮黑藜麥，再淋上些許橄欖油（材料分量外）即可享用。

A　將刀子垂直玉米條，沿著中間的芯切下玉米粒。

### MARCO'S TIPS

喜歡湯稠一點的人，可以在玉米粒炒香後再加入 2 大匙麵粉，或者多放入 2 條玉米，玉米本身的澱粉有助於增加稠度。

# 青花菜濃湯

BROCCOLI SOUP

青花菜濃湯是地中海料理中必備的湯品。青花菜的熱量低、含有可以抗氧化、增強免疫力的豐富維生素，且蛋白質、β-胡蘿蔔素等成分也比白花椰菜來得多，是許多營養師力推的超級食材。在這裡，除了教大家用簡單的方法製作美味湯品外，也要教大家保留青花菜鮮綠顏色的小訣竅。

料理形式
**湯　品**

橄欖油調性
**溫　潤**

烹調時間
**30 分鐘**

## 材料　‖ 4 人份 ‖

**食材**

青花菜 … 300g（約 1 顆）
洋蔥 … 100g（大約 1/2 顆）_ 切絲
培根 … 50g _ 切絲
蒜仁 … 15g（大約 3 瓣）

**調味料**

橄欖油 … 50cc　　　　海鹽 … 1/2 大匙
雞高湯 … 1500cc　　　黑胡椒碎 … 1/4 大匙
濃縮牛奶 … 100cc
◎也可使用動物性鮮奶油

## 作法

1　青花菜洗淨之後，把梗的表面硬皮去除，然後將頂部花蕊的部分全部削下來，再將剩餘的部分切成小丁。A

2　取一個深湯鍋倒入橄欖油，依序將蒜仁、洋蔥、培根、切小丁的青花菜梗放進去炒香，再倒入雞高湯煮到沸騰之後，轉小火燉煮大約 5 分鐘。

3　燉煮到蔬菜全部確認軟爛的時候，<u>加入削下來的青花菜頂部花蕊，煮約 1 分鐘後關火</u>。
　　**POINT** 青花菜花蕊最後再加，可以保留新鮮翠綠的顏色。

4　再用手持式調理棒打勻後，加入濃縮牛奶、海鹽與黑胡椒，即可盛盤享用。

A　利用小刀把青花菜的花蕊部分削下來。

# 檸檬紅扁豆濃湯
## RED LENTILS SOUP LEMON FLAVOR

中東地區有句俗話：「橫跨沙漠需要三樣東西：一隻駱駝、一壺水，還有一包紅扁豆」。扁豆濃湯在土耳其家庭是很普遍的湯品，營養價值高，作法又簡單。喝下一碗扁豆濃湯，不但能攝取到大量的優質豆類蛋白質，更提供了飽足感。結合檸檬的香氣與橄欖油的潤滑，是這道湯品好喝的不二法門。

料理形式
**湯　品**

橄欖油調性
**濃　郁**

烹調時間
**40 分鐘**

＊紅扁豆需先泡水 30 分鐘

## 材料　‖ 8 人份 ‖

### 食材

紅扁豆 … 250g
洋蔥 … 200g（大約 1 顆）_ 切絲
紅蘿蔔 … 150g（大約 3/4 條）_ 去皮切丁
蒜仁 … 15g（大約 3 瓣）

### 調味料

橄欖油 … 50cc
番茄碎罐頭 … 200g
雞高湯 … 3000cc
孜然粉 … 1/4 大匙

辣椒粉 … 1/4 大匙
海鹽 … 1 大匙
黑胡椒碎 … 1/4 大匙
黃檸檬汁 … 50cc

## 作法

1 先將紅扁豆泡水至少 30 分鐘後，瀝乾水分備用。

2 取一個深的炒鍋倒入橄欖油，然後依序將蒜仁、洋蔥、紅蘿蔔放進去炒香，再加入番茄碎、雞高湯與泡好的紅扁豆，煮到沸騰後轉小火慢燉 15 分鐘。
   **POINT** 蒜仁之後需要打成碎泥，因此整顆下鍋炒香就好，比較不會嗆辣。

3 然後用漏勺取出一半鍋子裡面的材料，再用手持式調理棒或者是果汁機將鍋裡另一半材料含湯打成糊狀湯底。
   **POINT** 湯不需要打太稠，只是要讓湯帶有一點濃稠感。

4 將事先取出的一半材料放回湯底中，加入孜然粉、辣椒粉、海鹽與黑胡椒，煮到沸騰後淋上黃檸檬汁即可盛盤享用。

### MARCO'S TIPS

紅扁豆又稱紅肉豆或峨眉豆，在賣五穀雜糧的南北店、超市或網路商店都有販售。

# 馬賽魚湯

BOUILLABAISSE

馬賽魚湯是法國的經典名菜,作法有點小複
雜,必須分別熬製海鮮與蔬菜湯底,但也正
因為有了濃縮所有鮮味的湯底,才能為這道
料理帶來美味的靈魂。假日想要與全家人一
起來份集聚大海營養的海鮮盛宴時,不妨多
花一點點時間做這道菜吧,絕對可以感受到
物超所值的美好。

 料理形式
**湯　品**

 橄欖油調性
**濃　郁**

 烹調時間
**90 分鐘**

## 材料 ‖ 4 人份 ‖

### 魚湯料
蝦子 … 50g
蛤蠣 … 50g
淡菜 … 80g
花枝 … 150g

### 熬魚湯
鱸魚骨或白肉魚骨 … 200g
蝦頭 … 10 個 _ 從魚湯料中取出
橄欖油 … 50cc

### 蔬菜湯底
蒜仁 … 15g(大約 3 瓣)_ 切碎
洋蔥 … 150g(大約 3/4 顆)_ 切絲
西洋芹 … 50g(大約 1/2 支)_ 切大丁
紅蘿蔔 … 100g(大約 1/2 條)_ 去皮切大丁
牛番茄 … 200g(大約 2 顆)_ 切大丁
番茄碎罐頭 … 100g
義大利綜合香料 … 1/4 大匙
黑胡椒碎 … 1/4 大匙
月桂葉 … 3g(約 2-3 片)

### 調味料
白葡萄酒 … 50cc
番紅花 … 1g
海鹽 … 1/4 大匙

---

**MARCO'S TIPS**

番紅花被稱為「全世界最貴的香
料」,不過因為香氣濃郁,每次
用的量非常少。也可以到中藥店
買「藏紅花」,香氣較低,但價
格親民許多。

---

## └┘ 作 法

1 魚骨清洗後瀝乾；蝦子剪去長鬚及前端尖刺，並將蝦頭與蝦身分開；花枝切片；
  蛤蠣泡鹽水吐沙。番紅花預先以白葡萄酒泡 15 分鐘。
  **POINT** 番紅花須先泡開，才能釋放出鮮豔的顏色。

2 熬魚湯：取一個大炒鍋倒入橄欖油，將魚骨下鍋以中小火炒至上色後，放入蝦
  頭稍微煎過，再倒入 1500cc 的水（材料分量外），熬煮 30 分鐘成魚湯。A
  **POINT** 蝦頭先煎過，熬出來的湯底鮮味比較濃。

3 製作蔬菜湯底：另起一鍋爆香蒜碎、洋蔥，再加入西洋芹、紅蘿蔔、義大利綜
  合香料、黑胡椒、月桂葉略炒後，加入番茄丁與番茄碎混勻。B

4 將魚湯過濾，倒入蔬菜湯底中，以小火滾煮 30 分鐘，再以鹽調味。C、D
  **POINT** 海鮮湯底和蔬菜湯底分開熬煮，才能煮出各自的鮮味，濾掉魚骨時也比較方便。

5 起鍋前加入魚湯料煮熟，並加入番紅花白酒即完成。

A　先將魚骨、蝦頭煎香後，再加水熬煮。

B　以大蒜、洋蔥爆香後，再將西洋芹、紅蘿蔔以及番
　　茄稍微炒軟。

C　將魚湯過濾至蔬菜湯底。

D　以小火持續滾煮至蔬菜變軟爛、甜味徹底釋放到湯
　　底裡。

# 威尼斯水煮章魚佐三色藜麥

BOILED OCTOPUS WITH THREE COLOR QUINOA SALAD

 料理形式 **開胃菜**　　 橄欖油調性 **溫　潤**　　 烹調時間 **120 分鐘**

透過簡單純粹的水煮技巧，將橄欖油的滲透、藜麥的飽足感與章魚的鮮甜，盡顯於口中。章魚高蛋白低脂肪，含有人體必需胺基酸，以及可以抗氧化的牛磺酸。用來煮章魚的蔬菜湯底，有洋蔥、西洋芹與紅蘿蔔等蔬菜的甘甜，只要花點時間等待，章魚就會將這些好滋味全部吸收進去。

## ⎍ 材 料 ‖ 4 人份 ‖

**水煮章魚**

生鮮或冷凍章魚腳 … 500g（大約 2 隻）

紅蘿蔔 … 150g（大約 3/4 條）_ 切大塊

西洋芹 … 100g（大約 1 支）_ 切大塊

洋蔥 … 200g（大約 1 顆）_ 切大塊

黑胡椒粒 … 1 大匙

雞高湯 … 1500cc

◎也可以用水代替

**沙拉醬汁**

水煮紅、黑、白藜麥 … 各 1 大匙
　　→水煮藜麥作法參考 P48

黃檸檬汁 … 50cc

黃檸檬皮 … 5g _ 刨絲

新鮮巴西里 … 10g _ 切碎

蒜仁 … 10g（大約 2 瓣）_ 切碎

橄欖油 … 100cc

海鹽、黑胡椒碎 … 各 1/4 大匙

**沙拉生菜**

綠捲鬚生菜 … 30g

紅火焰生菜 … 30g

檸檬角或檸檬皮（裝飾用）… 適量

---

### MARCO'S TIPS

如果是用一整隻章魚，要先清理乾淨，把眼睛、嘴器、內臟取出，身體再用鹽抓過後，水洗除黏膜，並重複 3-5 次。重量 500g 以上的大型生鮮章魚，建議先冷凍至少一個晚上，烹飪前解凍使用，可以讓肉質更柔軟。

## ⊔ 作 法

1 用擀麵棍隔著一張烘焙紙敲打章魚腳，將圓柱狀的章魚腳打扁、破壞組織纖維。A

2 準備一個可以完全裝下章魚腳的鍋子，加入除了章魚腳之外的**水煮章魚**材料。煮滾後，抓著章魚腳緩慢放入滾水中然後提起，重複 3 次讓章魚定型，最後一次再把章魚放進鍋中。B

   POINT 此動作除了幫助章魚定型，也可以避免章魚沉到鍋裡而燒焦。

3 水再度沸騰後開到最小火，水面維持小波浪而不滾的方式煮至少40 分鐘。實際時間應依章魚大小調整，當叉子可以輕鬆插入章魚肉最厚的中央部位時，就表示已熟透。熄火後蓋上鍋蓋，讓章魚自然降溫。C

   POINT 使用大章魚時此步驟尤其重要，餘熱可以繼續讓章魚完全熟透但不會使肉質回縮，中小型章魚可以用冰鎮的方式快速降溫。

4 取用一個大碗，將**沙拉醬汁**材料全部攪拌均勻。

5 將降溫後的章魚腳切薄片，擺盤，再搭配**沙拉生菜**與醬汁享用。D

A 稍微敲打章魚腳，可以讓肉質變軟。

B 夾著章魚腳的一端，反覆放入滾水中並拿出來，章魚腳會逐漸捲起來定型。

C 以小火持續滾煮，讓水面維持冒小泡泡的狀態。

D 等章魚腳降溫後切成薄片。

# 低溫鮭魚
# 佐蕎麥優格黛絲櫛瓜

BOILED SALMON WITH DICE ZUCCHINI AND
BUCKWHEAT IN YOGURT DRESSING

以 Omega-3 脂肪酸含量滿滿的鮭魚為主角,搭配高纖低卡
的清甜櫛瓜,再佐以清爽的蕎麥優格醬。此道菜烹調的重
點在於以恆定的低溫加熱鮭魚,讓肉質保持柔軟細緻的口
感,此技巧可說是「舒肥法」的原型。沒有舒肥機沒關係,
入手一支食物溫度計也有助於精準掌握烹調過程,讓時間
自然成就熟成的美味。

 料理形式
**主 菜**

 橄欖油調性
**淡 雅**

 烹調時間
**60 分鐘**

## 材料 ‖ 4 人份 ‖

**水煮鮭魚與高湯**

鮭魚菲力 … 150g(大約 4 片)
飲用水 … 2000cc
白葡萄醋 … 50cc
海鹽 … 1/2 大匙
紅蘿蔔 … 100g(大約 1/2 條)_ 切薄片
洋蔥 … 150g(大約 3/4 顆)_ 切薄片
西洋芹 … 100g(大約 1 支)_ 切薄片
新鮮百里香 … 5g
月桂葉 … 2 片
新鮮巴西里 … 5g
黑胡椒粒 … 1/2 大匙

**蕎麥優格醬**

希臘優格 … 250g
新鮮蒔蘿 … 3g _ 切碎
蒜仁 … 5g(大約 1 瓣)_ 切碎
蜂蜜 … 1/2 大匙
黃檸檬汁 … 20cc
海鹽 … 1/4 大匙
黑胡椒碎 … 1/4 大匙
水煮蕎麥 … 2 大匙
　　→作法參考 P48
橄欖油 … 2 大匙

**炒櫛瓜**

橄欖油 … 50cc
蒜仁 … 10g(大約 2 瓣)_ 切碎
紫洋蔥 … 50g(大約 1/4 顆)_ 切小丁
綠櫛瓜 … 200g(大約 1 條)_ 切小丁

黃櫛瓜 … 200g(大約 1 條)_ 切小丁
白葡萄酒 … 50cc
海鹽 … 1/4 大匙
黑胡椒碎 … 1/4 大匙

⊔ 作 法

**I 水煮鮭魚**

1 取一個深鍋，放入飲用水、白葡萄醋、海鹽、紅蘿蔔、洋蔥、西洋芹、百里香、月桂葉、巴西里，煮沸後轉小火燉煮大約 30 分鐘，讓蔬菜的甜味釋放。

2 再加入黑胡椒粒續煮 10 分鐘左右，待黑胡椒的香味釋放後，即完成蔬菜高湯。A

3 接下來準備水煮鮭魚。使用溫度計測試，先將蔬菜高湯調到需要的溫度，大約是攝氏 65-75 度左右，接著放入鮭魚。以低溫水煮到鮭魚的中心溫度大約是 60-63 度（時間大約 20 分鐘），再將煮好的鮭魚取出。B、C

4 於鮭魚上方蓋一張廚房紙巾，再稍微淋上一些蔬菜高湯汁，讓肉質保持濕潤備用。D

**II 組合**

1 取用一個大碗，將**蕎麥優格醬**的所有材料放入後拌勻備用。

2 準備一個中型平底鍋倒入橄欖油之後，將蒜碎、紫洋蔥、綠色與黃色櫛瓜放入拌炒，再加入白葡萄酒、海鹽、黑胡椒，確認櫛瓜炒熟後即可關火。

3 準備盤子，先鋪上炒好的櫛瓜，放上煮好的鮭魚，最後淋上蕎麥優格醬即可享用。

A 慢慢燉煮蔬菜，讓蔬菜本身的甜味釋放到高湯裡。

B 將煮好的高湯稍微放涼到 65-75 度時，放入鮭魚。

C 保持低溫狀態大約煮 20 分鐘，使用溫度計插入鮭魚中間，確認溫度在 60-63 度之間即可取出。

D 在鮭魚表面蓋上淋濕的廚房紙巾，半小時內都不會乾掉。

# 潔諾維斯
# 青醬麵疙瘩

GNOCCHI WITH PESTO SAUCE

194

相較於正統青醬的羅勒葉，九層塔在台灣更容易取得。自己用新鮮的九層塔、大蒜、堅果，加上好油脂製成的青醬，堆疊濃郁的香氣，也堆疊滿滿的營養，用來當成義大利麵的拌醬或是麵包佐醬都很棒。在這裡要特別介紹義大利的馬鈴薯麵疙瘩，不同於東方的麵疙瘩，義式麵疙瘩鬆軟綿密，帶有紋路的造型還會巴附滿滿醬汁，是一道經典的義大利家常麵食。

料理形式
**主　菜**

橄欖油調性
**淡雅 × 溫潤**

烹調時間
**30 分鐘**

## 材料 ‖ 4 人份 ‖

### 青醬（12 人份）
九層塔 … 300g
新鮮巴西里 … 100g
蒜仁 … 150g
鯷魚罐頭 … 50g（1 罐）
任一種原味堅果 … 100g
橄欖油 … 500-700cc
◎建議選用淡雅調性橄欖油
鹽 … 1/2 大匙

### 麵疙瘩
馬鈴薯 … 350g
高筋麵粉 … 160g
蛋黃 … 1 顆
起司粉 … 1 大匙
海鹽 … 1/4 大匙
白胡椒粉 … 1/4 大匙

### 炒製麵疙瘩
橄欖油 … 50cc
◎建議選用溫潤調性橄欖油
蒜仁 … 20g（約 4 瓣）_ 切碎
洋蔥 … 100g（約 1/2 顆）_ 切碎
培根 … 40g _ 切絲
馬鈴薯 … 200g _ 煮熟後去皮切塊
四季豆 … 200g _ 切段
◎也可以使用甜豆莢
白葡萄酒 … 60cc
濃縮牛奶 … 100cc
◎也可使用動物性鮮奶油
雞高湯 … 200cc
海鹽 … 1/2 大匙
二號砂糖 … 1/2 大匙
黑胡椒碎 … 1/2 大匙
核桃 … 2 大匙 _ 敲碎

## ⎍ 作法

### I 製作青醬

1 將九層塔、巴西里洗淨瀝乾，只要挑出葉子的部分使用。

2 果汁機中先倒橄欖油，再放入九層塔葉、巴西里葉、蒜仁、鯷魚、堅果，開高速攪打均勻。

 **POINT** 液體放在最下方，上面的食材才比較容易攪動。冷壓初榨橄欖油的分量至少要有 500cc，我通常都會放到 700cc。

3 最後加入鹽巴調味後，即可放入冰箱冷藏備用。

### II 製作麵疙瘩

1 先將馬鈴薯水煮或蒸熟（約 25 分鐘），取出放涼後去皮壓碎。加入過篩後的高筋麵粉、蛋黃、起司粉、海鹽、白胡椒後，用手搓揉成均勻的麵團。

2 將麵團搓成長條狀，用叉子壓出紋路後，直接用叉子分割成小麵團。A

3 準備一個淺的平盤倒入少許麵粉（材料分量外）後，放入分割好的小麵團，使其裹上一層薄粉靜置，下鍋前再抖掉麵粉即可。B

 **POINT** 裹粉後放平整，冷凍可保存 2 週，可以一次多做一些備用。

4 準備一鍋熱水，在水中放少許鹽（材料分量外），將麵疙瘩放入煮熟（浮起）即可撈出。C

### III 炒製麵疙瘩

1 取一個平底鍋倒入橄欖油，放入蒜碎、洋蔥、培根、馬鈴薯，炒到香氣出來後，再加入四季豆、白葡萄酒拌炒一下。

2 接著放入濃縮牛奶、雞高湯，以及海鹽、砂糖、黑胡椒續煮。D

3 鍋中醬汁煮滾後，把麵疙瘩下鍋煮至稠化後關火。E

4 最後放入 2 大匙青醬攪拌均勻，並撒上核桃碎，即可盛盤享用。F

**MARCO'S TIPS**

**青醬的保存：**青醬可一次製作較大的量，用製冰盒分裝後，冷凍保存 1 個月，每次使用時只取出需要的量，相當方便。

A 利用叉子背面往麵團壓下去，壓出紋路，再直接利用叉子側面把麵團分割。分割後如果覺得紋路不夠深，可以再補壓一次。

B 麵團外覆蓋薄薄一層麵粉是為了避免沾黏，如果麵團不黏手，分割成小塊後直接下熱水燙熟也可以。

C 麵團煮到浮出水面就表示熟了，可以撈出來放涼。

D 先將蔬菜類炒香後，再倒入濃縮牛奶、雞高湯以及調味料。

E 煮到醬汁滾起來後，放入事先煮好的麵疙瘩混合。

F 當醬汁變稠之後關火，最後放入青醬拌勻。

# 莓果北非小米
# 佐紅龍果優格

COUSCOUS WITH BERRY
IN RED DRAGON FRUIT DRESSING

微微帶有小麥香的北非小米，吸收了莓果的
酸甜滋味以及檸檬的清香，再搭配濃醇的紅龍果
優格，滋味相當豐富。而火龍果的營養價值極高，
包含膳食纖維、維生素、礦物質、多酚類、花青素等等，
也是減肥美容的聖品。想要提升北非小米的美味度，橄欖
油的選擇是關鍵，記得選用淡雅清香的風味，而堅果香氣更
是大大的加分，還有，千萬不要吝嗇你的黃檸檬皮！

198

料理形式
**甜　點**

橄欖油調性
**淡　雅**

烹調時間
**30 分鐘**

## 材料 ‖ 8 人份 ‖

**紅龍果優格**

燕麥片 … 2 大匙（大約 10g）

腰果 … 2 大匙（大約 30g）_ 敲碎

◎也可以使用其他堅果

葡萄乾 … 2 大匙（大約 30g）_ 切碎

紅火龍果 … 1 顆（約 600g）_ 去皮切大塊

原味優格 … 400g

橄欖油 … 50cc

蜂蜜 … 2 大匙

**莓果北非小米**

熱泡北非小米 … 200g

→作法參考 P49

橄欖油 … 50cc

◎推薦選用具果香風味的橄欖油

海鹽 … 1/4 大匙

綜合堅果 … 1 大匙

葡萄乾 … 1 大匙

黃檸檬汁 … 50cc

黃檸檬皮 … 5g _ 刨絲

蜂蜜 … 2 大匙

藍莓 … 100g _ 對切

草莓 … 200g（大約 10 顆）_ 對切

85% 巧克力 … 10g _ 剝碎

## 作法

1 使用果汁機或食物調理機，將**紅龍果優格**材料全部攪打均勻備用。

2 取用一個大碗，將**莓果北非小米**材料拌勻。草莓、藍莓跟檸檬皮可以保留部分，做為最後裝飾使用。

3 準備一個有深度的盤子，其中一半放上拌好的莓果北非小米，另一半放上紅龍果優格，上面用些許莓果與檸檬皮點綴，再淋上一些淡雅風味橄欖油（材料分量外）即可享用。

# 8

## 「慢火燉煮」
## 的熟成韻味

不管在東方或西方的飲食中，都有幾道成就歷史的燉煮名菜，
例如歐洲菜系中的紅酒燉牛肉，例如中式料理的經典東坡肉。
我個人在學習廚藝初期最愛做的也是燉煮菜色。
慢火熬成的醇厚感，適時淋上一匙濃郁的橄欖油，
所有食材在時間的督促下釋放渾然天成的香氣與美味，
在味蕾上產生震盪後，久久揮之不去。

## ｜燉｜煮｜重｜點｜

　　以橄欖油為調劑，讓所有食材滋味完美融合在一起的燉煮料理，是地中海料理中很常運用的方式。請記得每道菜燉煮的時間，是從大火將所有材料煮沸後轉小火開始計時，才能讓時間催熟出真正的美味。

# 土耳其
# 番茄燉蛋

TURKISH STYLE STEW EGGS

這是一道土耳其人的家常早餐,加了多種香料的番茄醬汁飄散著異國風味。這應該是我做過最快速的燉煮菜色。當你想簡單完成豐盛早餐,又想吃下大量茄紅素、葉酸、維生素等提高代謝的營養時,就做這一道燉蛋吧!裡頭還有高纖的地瓜與同樣身為好脂肪的酪梨,各種身體所需營養素都齊聚一鍋。

料理形式
開胃菜

橄欖油調性
溫　潤

烹調時間
**30 分鐘**

## 材 料 ‖ 4 人份 ‖

### 食材

地瓜 … 200g（大約 1 顆）_ 切圓片

芝麻葉 … 150g
◎也可以使用菠菜葉

雞蛋 … 6 顆

酪梨 … 50g _ 切塊

香菜 … 5g _ 切碎

### 番茄醬汁

橄欖油 … 50cc

蒜仁 … 20g（大約 4 瓣）_ 切碎

洋蔥 … 150g（大約 3/4 顆）_ 切碎

孜然粉 … 1/2 大匙

月桂葉 … 2 片

咖哩粉 … 1/2 大匙

匈牙利紅椒粉 … 1/2 大匙

番茄碎罐頭 … 400g

雞高湯 … 150cc

二號砂糖 … 1/4 大匙

海鹽 … 1/4 大匙

黑胡椒碎 … 1/4 大匙

## 作 法

1　將地瓜片用中火煎至兩面金黃色後備用。

2　取一個平底鍋倒入橄欖油，先將蒜碎及洋蔥炒軟後，加入孜然粉、月桂葉、咖哩粉、匈牙利紅椒粉炒香。

3　再加入番茄碎、雞高湯、砂糖、海鹽、黑胡椒，用中小火煮 6-8 分鐘至醬汁變濃稠，即完成番茄醬汁。加入芝麻葉拌勻，熄火備用。

4　將地瓜片鋪入另一個平底鍋中，再倒入番茄醬汁煮滾。

5　用湯匙在番茄醬汁上挖小洞，逐一放入雞蛋，再蓋上鍋蓋，燜煮 5-7 分鐘至蛋白變白色。A

6　放上酪梨塊、撒上香菜，再淋上些許橄欖油（材料分量外）即完成。建議可以另外準備麵包片，搭配享用。

A　先用湯匙在番茄醬汁表面挖小洞，再打入雞蛋。

# 青白花椰菜米燉海鮮

STEW SEAFOOD WITH DICE WHITE CAULIFLOWER
IN CREAM SAUCE

 料理形式
**主　菜**

 橄欖油調性
**濃　郁**

 烹調時間
**30分鐘**

花椰菜米在瘦身與健身圈已是流行多年的減醣聖品，
花椰菜米並不是一種米飯，而是用花椰菜模擬出米飯的外觀與口感。
這道料理以高纖維的兩種花椰菜燉煮低熱量高蛋白的海鮮，
有飽足感又無負擔，保證一吃就愛上。

## 材料 ‖ 4人份 ‖

**食材**

淡菜 … 200g

海蝦 … 150g

蛤蜊 … 200g

花枝 … 200g

白花椰 … 500g

青花菜 … 300g

蒜仁 … 15g（大約 3 瓣）_ 切碎

紅蔥頭 … 20g（大約 3 顆）_ 切碎

新鮮巴西里 … 1/2 大匙 _ 切碎

**調味料**

橄欖油 … 50cc

白葡萄酒 … 100cc

濃縮牛奶 … 200cc
◎也可使用動物性鮮奶油

雞高湯 … 500cc

海鹽 … 1/4 大匙

黑胡椒碎 … 1/4 大匙

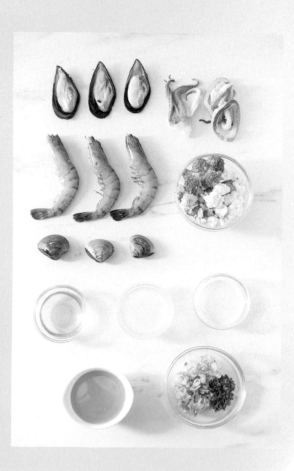

## 作法

1 先將買回來的海鮮洗淨（冷凍的海鮮退冰即可），蛤蜊放入鹽水中吐沙後撈起，花枝切厚片。

2 青、白花椰菜洗淨後，將頂部花蕊的部分削下來，梗部去皮後切碎。

3 取一個有深度且寬口的燉鍋先倒入橄欖油，放入蒜碎、紅蔥頭轉到中火炒到上色後，加入海鮮（淡菜、海蝦、蛤蜊、花枝）以及白葡萄酒繼續拌炒。

4 接著將青、白花椰菜下鍋，並加入濃縮牛奶、雞高湯、巴西里、黑胡椒、海鹽，用中火燉煮到蛤蜊打開即可關火。A

5 最後淋上少許橄欖油（材料分量外）即可上桌享用。

A 只要煮到海鮮都熟了，就可以關火。

# 佛羅倫斯燉牛肚

PANINO CON LAMPREDOTTO

義大利人吃內臟的歷史不亞於東方世界，使用牛肚加上大量蔬菜、香料燉煮，口感軟嫩中帶 Q 彈，入味且毫無腥味。牛肚不僅口感受人青睞，也含有豐富的礦物質、維生素，再搭配蔬菜，用裸麥或全穀類的麵包夾起。豪邁一口咬下，各種營養素一次攝取到了，還能品嚐到慢火燉煮的濃縮美味。

料理形式
**主　菜**

橄欖油調性
**濃　郁**

烹調時間
**80 分鐘**

## 材料 ‖ 4 人份 ‖

**水煮牛肚**

生蜂巢牛肚 … 600g（大約 1/2 顆）

月桂葉 … 10 片

新鮮迷迭香 … 5g

新鮮百里香 … 5g

海鹽 … 1 大匙

黑胡椒粒 … 1 大匙

白葡萄酒 … 300cc

飲用水 … 3000cc

**燉煮牛肚食材**

橄欖油 … 50cc

蒜頭 … 20g（大約 4 瓣）_ 切碎

洋蔥 … 100g（大約 1/2 顆）_ 切丁

西洋芹 … 100g（大約 1 支）_ 切丁

紅蘿蔔 … 150g（大約 3/4 條）_ 切丁

牛番茄 … 200g（大約 2 顆）_ 切丁

高麗菜 … 300g（大約 1/4 顆）_ 切丁

白葡萄酒 … 50cc

雞高湯 … 1200cc

水波蛋 … 1 顆
　　→作法參考 P170

起司粉 … 1/2 大匙

**燉煮牛肚調味料**

海鹽 … 1/2 大匙

二號砂糖 … 1/2 大匙

黑胡椒碎 … 1/2 大匙

義大利綜合香料 … 1 大匙

## ⩗ 作 法

### I 水煮牛肚

1 選一個大的鍋子燒開一鍋滾水,將牛肚汆燙大約 3 分鐘之後取出,將牛肚翻面洗淨備用。

2 準備一個深湯鍋,放入所有**水煮牛肚**材料,開大火煮到沸騰後再轉小火燉約 50 分鐘,確認牛肚變軟爛之後取出,放涼切厚片備用。

### II 燉煮牛肚

1 取一個燉鍋倒入橄欖油,開大火,等待油溫到達約 160 度的工作溫度後,依序將蒜碎、洋蔥、西洋芹、紅蘿蔔、牛番茄、切片的水煮牛肚、高麗菜放入鍋中炒香。

2 炒香之後加入白葡萄酒,稍微拌勻就加入雞高湯,轉到大火等待沸騰之後,轉小火燉煮大約 20 分鐘,就可以加入**燉煮牛肚調味料**拌勻。

3 盛盤後,放上水波蛋、撒上起司粉,再淋上些許橄欖油(材料分量外)即完成。

### MARCO'S TIPS

佛羅倫斯另一種傳統吃法,是將拖鞋麵包或是全麥麵包對切之後,把燉煮好的牛肚夾在麵包中享用。

# 紅酒多酚燉牛膝佐米蘭燉飯

OSSOBUCO WITH RISSOTTO ALLA MILANESE

這是北義大利的道地鄉村菜。燉飯與燉牛膝都是
米蘭著名的菜色,將燉煮牛膝搭配米蘭燉飯本是
酪農農家粗獷的吃法,經過地中海地區多年的口
耳好味相傳,躍昇為一道歐洲經典菜色。
番紅花為燉飯染上了華麗的色澤,
更凸顯這道菜的高貴氣息。

料理形式
**主 菜**

橄欖油調性
**濃郁 × 溫潤**

烹調時間
**70 分鐘**

＊牛膝需先醃漬一晚

210

## 材料 ‖ 8 人份 ‖

### 牛膝 & 醃料

牛膝肉 … 2kg _ 切塊

蒜仁 … 50g（約 10 瓣）

洋蔥 … 200g（約 1 顆）_ 切塊

西洋芹 … 300g（約 3 支）_ 切塊

紅蘿蔔 … 300g（約 1.5 條）_ 切塊

紅酒 … 750cc

### 紅酒燉牛膝

橄欖油 … 50cc
◎建議選用濃郁調性橄欖油

紅蔥頭 … 50g _ 切碎

黑胡椒碎 … 1 大匙

新鮮迷迭香 … 5g _ 除梗

新鮮巴西里 … 10g _ 切碎

月桂葉 … 5g（約 10 片）

中筋麵粉 … 100g

紅酒 … 750cc

飲用水 … 750cc

雞高湯 … 2000cc

海鹽 … 1 大匙

巴薩米克醋 … 100cc

### 米蘭燉飯（2 人份）

橄欖油 … 50cc
◎建議選用溫潤調性橄欖油

蒜仁 … 10g（約 2 瓣）_ 切碎

洋蔥 … 50g（約 1/4 顆）_ 切碎

新鮮巴西里 … 5g _ 切碎

番紅花 … 5g

白葡萄酒 … 100cc

雞高湯 … 150cc

基礎燉飯 … 300g
　→作法參考 P213

海鹽 … 1g

黑胡椒碎 … 1g

### MARCO'S TIPS

番紅花可以在中藥行買到。也可以用
較便宜的藏紅花取代，但香氣較低。

## └┘ 作 法

### Ⅰ 醃牛膝

1 先將牛膝塊放入一個大保鮮盒或塑膠袋中，以蒜仁、洋蔥、西洋芹、紅蘿蔔、750cc 紅酒醃漬一晚。

### Ⅱ 燉牛膝

1 將醃漬過的材料都取出分別瀝乾擺放，醃汁留下。取一個全鐵材質且耐烤的深燉鍋，倒入橄欖油，開中火依序把醃過的蒜仁、洋蔥、西洋芹、紅蘿蔔炒香，再放入紅蔥頭續炒香。

2 接著放入牛膝塊炒勻後，依序放入黑胡椒、迷迭香、巴西里、月桂葉、中筋麵粉，充分拌炒均勻後，開大火迅速倒入 750cc 紅酒、飲用水、雞高湯以及醃汁，待其沸騰。

3 煮滾之後蓋上鍋蓋，放進預熱至 180 度的烤箱中烤 40-60 分鐘至牛肉軟嫩，即可取出加入海鹽與巴薩米克醋，調成個人喜愛的口味即完成。A

   POINT 烤到 40 分鐘時要先確認牛肉是否變軟，如果不夠就繼續烤。直接放在瓦斯爐上燉煮到喜歡的軟嫩度也可以。

A 將牛膝塊煮到自己喜歡的軟嫩度。

### Ⅲ 米蘭燉飯

1 預先將番紅花泡在白葡萄酒中至少 20 分鐘備用。

   POINT 番紅花須先泡開，顏色才會出來。

2 取用一個小平底鍋倒入橄欖油之後，先炒香蒜碎、洋蔥、巴西里，然後加入泡過的番紅花白葡萄酒。再加入雞高湯與基礎燉飯，持續燉煮到收汁，最後加入海鹽、黑胡椒調味即完成。B

3 將米蘭燉飯擺盤，放上煮好的紅酒燉牛膝，淋上約 5cc 的濃郁橄欖油（材料分量外）即可享用。

B 加入番紅花的燉飯呈現鮮豔的紅色。

# 基礎燉飯

義大利燉飯是以生米拌炒而成，其口感軟中帶硬，吸附了大蒜、洋蔥以及雞高湯的香氣。這裡要介紹給大家最基本的配方。平常準備一些基礎燉飯冷凍起來，想吃的時候只要解凍，就能變化出各種口味的燉飯。

## 材料 ‖ 7 人份 ‖

淡雅調性橄欖油 … 50cc
蒜仁 … 15g（大約 3 瓣）_ 切碎
洋蔥 … 100g（大約 1/2 顆）_ 切碎
台梗九號米 … 500g
◎也可以使用義大利米
雞高湯 … 800cc

MARCO'S TIPS

● 台梗九號米是我經過多種嘗試後發現最接近義大利米的台灣米，用一般米的話，口感會比較軟。
● 基礎燉飯可以一次多做一點，分裝成小份，1 人份約 150-200g，放冰箱冷凍庫，可保存 3 個月。

## 作法

1 取一個厚底炒鍋，倒入橄欖油、蒜碎、洋蔥碎，開中火炒至香味飄出後，將洗淨的米加入炒香拌勻。

2 接著倒入雞高湯，待其沸騰後轉小火，不斷拌炒至湯汁收乾後關火。

3 將燉飯盛至較寬的鐵盤或鐵盆中放冷備用，即為七分熟的基礎燉飯。

# 南法紅酒燉雞腿

COQ AU VIN

| 料理形式 | 橄欖油調性 | 烹調時間 |
|---|---|---|
| 主　菜 | 濃　郁 | 40分鐘 |

紅酒燉雞與紅酒燉牛肉並列為法國燉菜代表。高營養的雞腿肉搭配上濃郁紅酒多酚，堆疊出的熟成風味堪稱經典。以慢火燉煮過的雞腿，肉質軟嫩易入口，搭配入味的蘑菇與紅蘿蔔一起吃，膳食纖維和蛋白質都攝取到了，而且滿嘴都是宜人的葡萄酒香氣以及辛香料風味。

## Ｗ 材 料 ‖ 4 人份 ‖

### 食材

棒棒雞腿 … 600g（大約 4 隻）

蒜仁 … 20g（大約 4 瓣）_ 切碎

洋蔥 … 150（大約 3/4 顆）_ 切片

培根 … 20g _ 切片

高筋麵粉 … 2 大匙

月桂葉 … 4 片

新鮮百里香 … 5g
◎也可以使用乾燥百里香 1/2 大匙

紅蘿蔔 … 150g（大約 3/4 條）_ 切塊

紅色小番茄 … 100g（大約 10 顆）_ 對切

蘑菇 … 300g（大約 10 顆）_ 切四等分

新鮮巴西里 … 1 大匙 _ 切碎

### 調味料

橄欖油 … 50cc

紅葡萄酒 … 500cc

雞高湯 … 500cc

濃縮牛奶 … 100cc
◎也可使用動物性鮮奶油

海鹽 … 1/2 大匙

## Ｗ 作 法

1　將雞腿表面的水分擦乾後，取一個燉鍋放入 50cc 橄欖油，先將雞腿煎至表皮上色後取出。

2　同鍋加入蒜碎、洋蔥、培根炒到香味飄出之後，再加入麵粉一起炒熟，接著加入紅葡萄酒、雞高湯、月桂葉、百里香煮滾後，放入煎過的雞腿和紅蘿蔔塊，蓋鍋蓋燉煮 20 分鐘。A

3　開蓋後加入濃縮牛奶與小番茄攪拌均勻，再加入蘑菇、海鹽略煮 5 分鐘，起鍋前撒上巴西里即可享用。B

A　放入雞腿與紅蘿蔔後，蓋上鍋蓋燉煮。

B　開蓋後加入濃縮牛奶、小番茄與蘑菇再煮滾。

# 西班牙花生醬燉雞

STEW CHICKEN WITH PEANUT BUTTER

這道菜是歐洲燉菜料理的另類代表。雞腿焦香的氣息結合花生醬的濃郁，再融入西班牙臘腸的煙燻味與牛番茄的酸甜，最後撒上提味的香菜。高蛋白質、高纖維、高維生素，還有提升代謝力的超級營養「茄紅素」，用想像不到的美味口感，補充身體需要的各種養分。

 料理形式
**主　菜**

 橄欖油調性
**濃　郁**

 烹調時間
**40 分鐘**

## 材 料 ‖ 4 人份 ‖

### 食材

去骨雞腿肉 … 1200g（大約 4 隻）_ 切塊
蒜仁 … 30g（大約 6 瓣）_ 切碎
洋蔥 … 150g（大約 3/4 顆）_ 切碎
西班牙臘腸 … 50g（大約 10 片）_ 切片
牛番茄 … 200g（大約 2 顆）_ 切片
去籽黑橄欖 … 20g（大約 10 顆）_ 對切
香菜 … 5g _ 切碎

### 調味料

橄欖油 … 50cc
番茄糊罐頭 … 1 大匙
花生醬 … 2 大匙
白葡萄酒 … 100cc
雞高湯 … 1000cc

## ⩗ 作 法

1 取一個燉鍋，熱鍋之後倒入橄欖油，加入蒜碎、洋蔥炒軟之後，加入臘腸炒到香味出來。

2 把炒料撥到鍋子一邊，在鍋子裡面放入雞肉，煎到表面金黃上色。

3 接著加入牛番茄、番茄糊、花生醬攪拌均勻，再倒入白葡萄酒。A

4 等到酒精稍微揮發之後加入雞高湯，之後就可以蓋上鍋蓋，用小火燉煮 30 分鐘，最後開蓋用中火煮 5 分鐘收汁。

5 加入黑橄欖與香菜做點綴即可享用。

A 加入番茄糊、花生醬之後拌勻，醬料會沾附在雞肉外層。

Mediterranean
cuisine

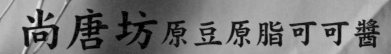

# 尚唐坊原豆原脂可可醬

## 台灣首款手壓可可抹醬

從可可原豆開始製作，加入特級初榨冷壓橄欖油、
低 GI 椰糖、蜂蜜等嚴選食材。
特別設計三種不同風味的可可抹醬，
讓您的餐桌有不一樣的美味體驗。
無論是原味可可、甜橙堅果或是高山烏龍，
搭配麵包、水果、沙拉、舒肥雞胸都很適合，
如果在戶外郊遊野餐更是隨身攜帶的好夥伴！

**高山烏龍**
Taiwanese Oolong

**甜橙堅果**
Nut with Orange

**原味可可**
Classia Cocoa

想了解詳細>

# 單一品種 絕不調和
# 嚴選早摘橄欖 最高初榨品質

西班牙原產地
D.O認證

西班牙Rioja產地
D.O認證

日本橄欖油大賞
『銀賞獎』

**特級講究** 單一品種
針對不同品種橄欖細分各別採收期

**特級堅持** 嚴選早摘橄欖

**特級新鮮** 採摘兩小時內快速冷壓成油

**特級品質** 超低酸價0.1（市售最低）

**特級美味** 2014日本橄欖油大賽銀賞獎
連續兩年榮獲西班牙最佳橄欖油

**特級保障** 西班牙原產地認證
里奧哈原產地認證

**特級安全** 擁有自己的橄欖莊園
由栽種採收到榨油品質全程掌控

## 和平大地
### 100%Arbequina

味道甜美溫順，最受歡迎
帶有青蘋果和杏仁味
像融化奶油般的絲綢質地

蘋果 花香
苦味 杏仁
辣味 青番茄
綠橄欖果香 綠色香蕉

## 自由的風
### 100%Arbosana

味道新鮮爽口，最具風格
帶有綠色香蕉、綠色番茄味
油脂清新純淨令人驚艷

蘋果 花香
苦味 杏仁
辣味 青番茄
綠橄欖果香 綠色香蕉

## 希望之花
### 100%Koroneiki

味道醇厚濃郁，橄欖果之王
帶有優雅的花香與青蘋果味
口感高貴細緻，苦辣味平衡

蘋果 花香
苦味 杏仁
辣味 青番茄
綠橄欖果香 綠色香蕉

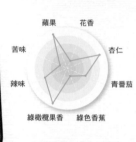

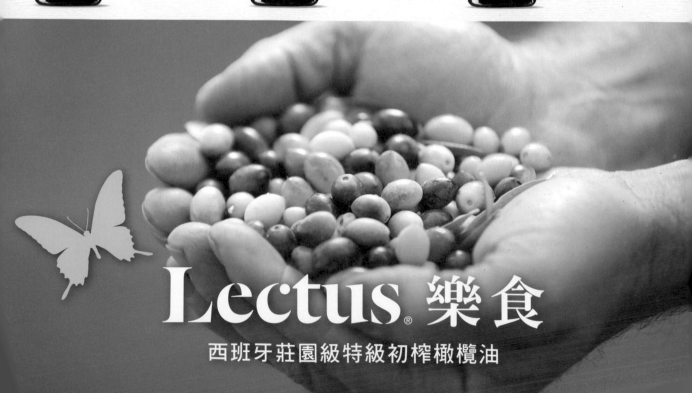

# Lectus® 樂食
## 西班牙莊園級特級初榨橄欖油

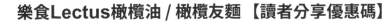

# 台灣廣廈 國際出版集團
Taiwan Mansion International Group

國家圖書館出版品預行編目（CIP）資料

高代謝地中海料理：我這樣吃瘦了36kg！減醣、低卡、好油的
烹調技法，「全球最佳飲食法」的美味祕密 / 謝長勝著. -- 初版.
-- 新北市：台灣廣廈，2020.09
　　面；　公分.
ISBN 978-986-130-466-3
1.食譜 2.健康飲食

427.12　　　　　　　　　　　　　　　　109007506

# 高代謝地中海料理

**我這樣吃瘦了36kg！減醣、低卡、好油的烹調技法，「全球最佳飲食法」的美味祕密**

| | |
|---|---|
| 作　　　者／謝長勝（馬可老師） | 編輯中心編輯長／張秀環 |
| 攝　　　影／Hand in Hand Photodesign | 執行編輯／許秀妃‧蔡沐晨 |
| 　　　　　　璞真奕睿影像 | 封面設計／曾詩涵‧**內頁排版**／菩薩蠻數位文化有限公司 |
| 食 譜 協 力／許運鴻‧楊樂仁‧吳思憲 | 製版‧印刷‧裝訂／東豪‧弼聖‧明和 |

拍攝品贊助

| | |
|---|---|
| 東昇源蔬果批發有限公司 | Exquisitea 易錕茶堂 |
| ORO BAILEN 皇嘉橄欖油（森森貿易） | 德米得企業有限公司 |
| Oliviers & CO. 橄欖飲食＆有機保養專賣店 | 白美娜濃縮牛奶（萬記貿易公司） |
| 西班牙樂食LECTUS特級初榨橄欖油 | Suntown尚唐坊原豆原脂純巧克力 |

| | |
|---|---|
| 行企研發中心總監／陳冠蒨 | 線上學習中心總監／陳冠蒨 |
| 媒體公關組／陳柔彣 | 數位營運組／顏佑婷 |
| 綜合業務組／何欣穎 | 企製開發組／江季珊、張哲剛 |

發 行 人／江媛珍
法 律 顧 問／第一國際法律事務所 余淑杏律師‧北辰著作權事務所 蕭雄淋律師
出　　　版／台灣廣廈
發　　　行／台灣廣廈有聲圖書有限公司
　　　　　　地址：新北市235中和區中山路二段359巷7號2樓
　　　　　　電話：（886）2-2225-5777‧傳真：（886）2-2225-8052

代理印務‧全球總經銷／知遠文化事業有限公司
　　　　　　地址：新北市222深坑區北深路三段155巷25號5樓
　　　　　　電話：（886）2-2664-8800‧傳真：（886）2-2664-8801
郵 政 劃 撥／劃撥帳號：18836722
　　　　　　劃撥戶名：知遠文化事業有限公司（※單次購書金額未達1000元，請另付70元郵資。）

■ 出版日期：2020年09月　　　■ 初版8刷：2024年04月
ISBN：978-986-130-466-3